U0249052

面向实施的城市设计

绿色·公众·社区策略

IMPLEMENTING URBAN DESIGN

GREEN, CIVIC, AND COMMUNITY STRATEGIES

[美] 乔纳森·巴奈特　著
Jonathan Barnett
甘振坤　曹　俊　　译

中国建筑工业出版社

自序
致中国读者

没有人能仅凭绘制多年后的效果蓝图来设计整座城市或一个城市片区，因为这其中涉及太多不同利益方之间的协同工作：拥有各自目标的政府机构、有不同预期的私人投资者，以及已经存在于即将改变区域内的商家和居民（他们可能根本不希望发生任何变化）。我撰写这本书是为了描述什么是城市设计得以实际发生的必要条件。实现城市设计没有普适方法，城市设计师必须根据具体情况寻找契机，并创造出回应这些现实问题的设计方案。

实施城市设计需要很长的时间。本书中描述的一些例子是几十年前就开始建造的。为什么现在还要读这些历史呢？我认为答案在于，促成这些设计理念产生的情形，在许多地方依然存在，并且仍然重要。如何在不破坏现有社区的情况下融入新建筑？如何在开发土地的同时保护其自然系统？如何通过政府制定的设计导则，创造出既令人向往又能使开发商获利的场所？如何说服一群形形色色的私人投资者齐心协力，打造出新的公共空间？当原有的经济条件发生变化时，如何延续成功的城市设计？如何将高速公路立交桥整合进由它促成的开发项目中？如何使用计算机程序帮助探索未来增长的备选方案？

好了。那么为什么生活和工作在中国的人们要了解美国的城市设计呢？中国和美国有着相似的土地面积，但中国的人口是美国的4倍多，因此许多美国低密度的郊区设计在中国并不适用。中国在地下交通和高速城际铁路的建设方面远远领先于美国，这意味着中国更有能力管理高密度的开发。还有其他一些显著的差异，包括不同的政治制度。然而，在当前的全球经济中，对于城市环境的需求也有重要的共通之处。人们在面对类似情况时，往往会作出相同的反应。无论文化背景如何，大家对于好的城市设计由什么构成有着普遍共识。

我认为这本书最重要的信息是，城市设计是一种管理城市增长和变化的方法，以产生人们所期望的结果。我们需要了解每个具体情况下的可能性，设想利用这些可能性的不同方式，然后让参与新开发项目的各方就选择哪种备选方案达成一致。正如我在导言中所说，无论是布置房间里的家具，还是选择将会影响区域未来数十年发展的交通系统路线，方法都是一样的。

因此，我希望你们能发现，在美国学到的经验教训今天仍然适用，并且对中国也仍然有帮助。

乔纳森·巴奈特
2024年5月24日

目　录

CONTENTS

导言
面向实施的城市设计

将城市设计概念付诸现实是一个复杂的互动过程。城市设计的概念图示和已完工的项目照片都很常见，但关于这两者之间发生了什么的报道却不多。当今的城市和郊区是由强大且往往相互竞争的力量作出的决策所塑造：房地产开发行业、政府投资和法规，以及社区；尽管社区由政府代表，却可以组织起来维护自己的切身利益，而这些利益并不总是与政府的目标一致。

要想设计出一个能够得到所有利益团体支持的城市设计方案，就要求设计者尽可能多地了解景观和自然系统、所有在城市和郊区生活与就业的人群的需求、城市场所的不同功能及其关系、推动房地产投资的经济条件、公共资金可以发挥的作用，以及通过公共政策影响私人金融决策的法规。

由于没有人能对所有领域都样样精通，因此城市设计通常是由一个具有不同专长的团队共同完成的，但应该由设计师来领导团队，因为设计是一种解决潜在冲突的方法。

任何曾经在房间里摆放或重新布置过家具的人，都会对设计过程的本质有所了解，这需要通过提出不同的配置方案，并评估它们的优缺点，来解决一个相互关联的变量问题。在移动家具之前，草拟和评估一些潜在变化，能够节省很多精力。

与之类似，在设计房屋时，结构和经济因素是变量之一；在设计花园时，则需要了解植物和自然系统。对于大型建筑物、公园或由建筑与开放空间组成的校园，可以采用类似但更为复杂的方法。同样的方法也可用于规划整个地区、新社区，以及指导区域及大都市圈的开发。

由于城市设计计划的全部或部分实施通常依赖于私人房地产市场或政府主要机构的支持，因此一个成功的城市设计方案必须被视为一项合理的投资。政府干预通常是使地产开发成为可能的必要条件，因此城市设计师应该论证哪些干预措施可以产生最理想的设计结果，并说明规章制度是如何在引导开发方面发挥积极作用的。设计可以帮助人们想象和选择他们所喜欢的未来，然后展示建筑、街道和公共开放空间如何结合在一起，从而形成有吸引力的场所，以此促进公众对开发提案的讨论。但这些设计策略也必须对投资者和政府分配有限资源具有经济意义。

以下章节包含了一系列在美国各个城市和郊区实施的案例，这些案例来自我担任城市设计顾问所积累的经验。它们提供了关于设计起源、实施过程以及后续进展的内部故事。其中一些插图是来自谷歌卫星和街景图像的高分辨率照片，因此读者可以自行判断每个设计的成功程度。此外，我们还将讨论如何将设计构想转化为具有法律约束力的立法文件，以确保设计的顺利实施。

支撑这些城市设计的策略有三类：

绿色——保护自然环境，应对不断变化的气候；

公众——在私人和公共投资中保护公众利益；

社区——这不仅意味着让社区参与到设计和开发决策的过程中，还包括利用可步行到达的社区为城市和郊区赋予结构。

01

让社区参与设计决策

INCLUDING THE COMMUNITY IN DESIGN DECISIONS

与深受开发影响的人们进行磋商，曾经是一个激进且未经验证的想法。政府应该在重要行动之前举行公开听证会，但等到那时再向社区展示未来计划，显然为时已晚。这就像一位建筑师直到所有图纸都已完成并需要承包商进行招标时，才向客户展示房屋设计方案一样。然而，早期美国的城市更新没有征询社区意见就已经开展，直到公众施加压力且项目失败才发生转变。将社区关心的事项纳入规划和设计决策之中是至关重要的，这不仅是为了确保结果的公平性，还能有效避免或至少减少因新开发项目而产生的昂贵且耗时的争议。这同样是向当地居民和商户了解这一地区真实情况的方式之一。因此，让公众参与设计过程会改变设计本身，并使其更加精细化、情境化，不再仅仅是个宏大的愿景，而更像是基于社区中已有的设计特征。

我曾参与过一项早期的基于社区的城市设计实验，这对我形成“让社区参与设计过程是至关重要的”观点产生了深刻影响。从那以后，我一直致力于发展基于社区的城市设计。这项早期实验始于1965年约翰·林赛（John Lindsay）竞选纽约市（New York City）市长期间，当时我和4位同事——乔瓦尼·帕萨内拉（Giovanni Pasanella）、杰奎琳·罗伯逊（Jaquelin Robertson）、理查德·韦恩斯坦（Richard Weinstein）和迈尔斯·温特劳布（Myles Weintraub）——担任志愿政策顾问。

我们起草了好几份竞选活动的立场文件，其中一份主张改变在官方认定的衰败社区开展城市更新的管理方式。城市管理者一直在关注社区的破败和衰退情况，但通常只是驱车从社区经过，或者通过查看每栋建筑内的信箱数量来判断居住条件是否过度拥挤。这些被用来作为官方判定社区衰败程度的证据。然后，在判定范围内几乎所有的资产都会被市政府收购，居民和企业会迁出，建筑物也将被拆除。随着更新计划的推进，一片由绿地分隔开的全新建筑群将取而代之。在纽约，这些政策与罗伯特·莫西斯（Robert Moses）息息相关，几十年来他一直主导着城市更新的方向。到了1965年，莫西斯不再掌权，但同样的流程仍在继续。根据1954年的《住房法案》（*Housing Act*），很多其他城市也按照类似的流程，在联邦资金的资助下进行操作。

我们认为这种大规模的拆迁是错的，不仅因为它对那些无家可归的人们造成了毁灭性的影响，还因为决策者没有掌握足够的信息来支持他们的判断。这种“大手术”式的城市更新通常缺少必要性。我们建议建筑用地的收购应该更有选择性，并且新建筑的设计应该与现有城市环境相适应。而社区居民才是真正了解情况的“专家”，他们应该参与规划决策。

林赛赢得选举之后，我们都回到了自己的主业工作中。乔瓦尼、杰奎琳、理查德和迈尔斯都在著名建筑师爱德华·拉拉比·巴恩斯（Edward Larrabee Barnes）的事务所工作。我曾在大型建筑事务所汉斯·伦德伯格和韦勒（Haines Lundberg and Waehler，HLW）工作，同时担任《建筑实录》（*Architectural Record*）杂志的编辑。当时我们并没有想过要去市政府工作，因为在那里建筑师的主要工作是审查住房管理部门的方案。

唐纳德·埃利奥特（Donald Elliott）负责竞选演讲和立场文件的起草。他是林赛的亲密助手。林赛上任后，唐纳德成为市长顾问，林赛让他负责市政府高级职务人员的招募。唐纳德为自己保留了纽约的规划委员会主席的职位，这意味着他也将担任规划部门的主任。唐纳德·埃利奥特决定让我们这五个曾帮他起草过城市设计立场文件的人，在真实情境中检验我们的策略。他帮助我们获得了J.M.卡普兰基金（J. M. Kaplan Fund）的资助，用以编制住房和城市设计方案初稿。

基于社区的布朗克斯区城市更新

埃利奥特选择了双子公园区域（the Twin Parks district）作为试验地，该区域由纽约市布朗克斯区（Bronx）的若干不同社区组成，并且确保政府为新建中低收入人群的住房和公共住房提供财政拨款。我们将选择重建地点，以尽可能降低政府收购带来的干扰。在制定方案时，社区居民将在公开会议上审查我们的提案，对于当时的纽约来说，这是一种姗姗来迟的新方法。乔瓦尼·帕萨内拉在卡内基音乐厅的一间工作室创办了自己的公司，我们就在那里开展工作。社区会议大多在晚上举行。我因当时正在为《建筑实录》出差在外，未能参加面向社区的初次汇报，而幸免于经历那场充满敌意的接待。人们不愿相信幻灯片上破旧不堪的建筑和垃圾散落的空地取景自他们的社区，也不想谈论任何类型的新建住房。

彼时，我刚为《建筑实录》撰写了一篇关于辛辛那提市（Cincinnati）成功的市中心规划的文章。[1]由于辛辛那提市议会多次未能就一项规划提案达成一致，于是请来了来自巴尔的摩的建筑师阿奇博尔德·罗杰斯（Archibald Rogers）。罗杰斯提出了一套全新的四阶段流程：首先，勘察与研究；其次，确定潜在目标；再次，也是最为必要的，选定所有人都能认同的目标；最后，在策略上达成一致——决定做什么，以及在何时何地做。在每个阶段，咨询委员会都会进行投票，并将他们的决议提交给市议会，以法令的形式审查和批准每一个步骤。当规划完成时，它的审批已经内置在流程中。

我意识到我们跳过了辛辛那提流程的第一阶段，即就双子公园区域的实际情况达成共识。我们从小规模的会议开始建立工作关系，并且逐渐赢得了社区的信任，使他们相信我们所做的事情是有益的。在双子公园贝尔蒙特社区（Belmont neighborhood）卡梅尔山圣母大教堂（Church of Our Lady of Mount Carmel）的马里奥·齐卡雷利（Mario Zicarelli）神父是一位重要的中间人，他将我们介绍给了双子公园其他社区的领袖们。这一次，我们谨慎地从就实际情况达成共识开始。基于基本原则，我们明确表明，除非能增加公共低收入住房的数量，否则不会考虑对私人（但享有补贴的）中等收入住房进行投资。但是，我们欢迎就如何更有效地配置这些城市资源进行深入讨论。我们找到了可能的开发地点，这些场地要么是空地，要么主要被小型商业或工业建筑所占据，因此没有人必须搬出自己的家园。我们选了一个场地，它能同时考虑到两个相邻社区的需求，并且成为整体设计的一部分：它位于双子公园区域的西部，与大学高地社区（University Heights）的高地接壤，在东部靠近布朗克斯公园的边缘。我们提升社区边缘地带的规划策略将得到必须严格执行建筑法规的项目支持，并为整个地区既有建筑的翻新提供资助。

经过多次会议的讨论，最终确定了两种新建住房的选址。在讨论中，所有参与者均表达了在由对该地区拥有共同管辖权的两个社区规划委员会与市政厅联合举办的公开听证会上为该计划发声的意愿。因此，这个计划最后成为城市政策，且没有引起任何公众争议。虽然我们的规划流程远没有辛辛那提的罗杰斯组织得那样结构化，但它却证明了市政府可以与社区开展建设性的合作，并证明了给予社区发言权非常重要。

唐纳德·埃利奥特和尤金妮亚·弗拉托（Eugenia Flatow）是纽约市“模范城市计划”（Model Cities Program）的总负责人，这个计划于1966年由国会通过，在南布朗克斯地区、哈莱姆地区（Harlem）和布鲁克林中心区（Central Brooklyn）启动，并且得到了联邦社区投资项目的支持。当时，我们已经在双子公园开展工作了。唐纳德和尤金妮亚为了确保“模范城市计划”是在有相应社区参与的情况下编制的，对在空置住房用地或低效工业用地上开展选择性重建采取了相同的政策，并提供法规保障与经费补贴。在双子公园试验的政策还将全面取代纽约市所有其他城市更新项目全面拆除旧有建筑的做法，而当地社区的参与在确定城市投资最有效场地方面仍然是至关重要的。

我们在双子公园的工作是在布朗克斯区较为低谷的时期完成的。大量人口外迁，许多建筑被废弃，且后来大多被大火烧毁，区域犯罪率飙升。当我感谢齐卡雷利神父与我们共度这段时光时，他说：“乔纳森，当一个人溺水时，他会伸手去抓圆木；而如果没有圆木，他会抓住一根稻草。”

双子公园计划是通过纽约市与纽约州城市开发公司（Urban Development Corporation，UDC）之间的协议来实施的，当时公司的负责人是爱德华·洛格（Edward Logue），他因在纽黑文（New Haven）和波士顿（Boston）的城市更新工作而出名。城市开发公司看到我们选定的项目所在地非常复杂，完全不像那些常见的、经过大规模拆迁清理的城市更新场地。因此，他们选择了一些极富革新精神的建筑师，以实现我们在计划中所描绘的各种建筑类型，这些建筑师包括乔瓦尼·帕萨内拉（Giovanni Pasanella）、詹姆斯·波尔舍克（James Polshek）、理查德·迈耶（Richard Meier）和普伦蒂斯·陈·奥尔豪森（Prentice Chan Ohlhausen）。

我们深知，以社区为基础的城市设计必须根据实际情况来进行，所以我们在每个社区现有的结构中寻找机会。当第一次去考察时，我被岩石悬崖旁边的土地吸引了。那里有一段长长的阶梯连接着上面的大学高地社区和下面的双子公园片区；在韦伯斯特大道上

图1.1 这张照片展示了1966年我们刚开始与社区会面时双子公园西部边缘地带的情况；阶梯顶部大学高地社区的泰巴特大道（Tiebout Avenue）状况相对良好，但已显示出岁月的痕迹；在岩石悬崖下方，沿着韦伯斯特大道（Webster Avenue）有一些由小型建筑构成的工业区，这是一条重要的交通动脉；照片中许多建筑是空置的，我们认为可以利用阶梯下部的土地在标高较低处建造一些10层的楼房，这样它们仍然能够与高处泰巴特大道上的其他开发项目体量匹配，那里大多是4层和5层的建筑

散布着很多小型工业建筑，其中不少处于闲置状态。这里有足够空间容纳任何由于我们的计划而需要搬迁的企业（图1.1）。

在这里，高层建筑修建在靠近主街的较低标高处，它们的上层能够很好地融入阶梯顶部泰巴特大道的多层建筑环境。我们可以在顺沿悬崖的场地上做出实质性的改变，而不影响那些结构状况良好的既有建筑。这些建筑要么仍然完好无损，要么可以修复以延续使用寿命。这张来自谷歌地球的照片（图1.2）展示了2022年我们沿着大学高地社区与韦伯斯特大道交界处规划的一些新的开发项目。前景中的那些建筑是由乔瓦尼·帕萨内拉设计的公共住房，而照片顶部带有大庭院的建筑则是由普伦蒂斯·陈·奥尔豪森设计的中等收入公寓。

纵观整个双子公园地区，在布朗克斯公园沿线我们选择的几个街区中，位于187号街的两个相邻地块是创造通往贝尔蒙特社区中心的象征性门户的宝贵机会。而布局于福特汉姆路（Fordham Road）的一座公寓塔楼，则标记了社区的东北角。这两组建筑也

图1.2 该图展示的区域是2022年时的样子；左边是泰巴特大道，右边是韦伯斯特大道；前景中附有两个侧翼的长形建筑物由纽约市住房局（New York City Housing Authority）管理，设计师是乔瓦尼·帕萨内拉；照片右上方那座带有庭院的建筑是由普伦蒂斯·陈·奥尔豪森设计的中等收入补贴住房；这些建筑已经有大约50年的历史了，它们的设计目标恰好与当时在空地上建造独立塔楼的标准做法相反，旨在尽可能减少对其他既有开发项目的干扰；这些投资促进了周围建筑的逐步改善，正如我们所预期的那样，增强了整个社区的实力

是由乔瓦尼·帕萨内拉设计的（图1.3）。新建筑实现了规划中的城市设计愿景，但它们与现有环境如此的契合，以至于不能被视为独立存在的城市设计。就像理查德·迈耶设计的那座位于双子公园东侧的建筑一样，它环绕着街区的其他既有建筑。这种嵌入场地的方式，在当时全新开发的公共项目中是非常罕见的（图1.4）。正如我们所希望的那样，这些社区现如今得到了保护与更新。

图1.3 在双子公园的东侧，我们发现了一个面向布朗克斯公园的地方，也就是著名的布朗克斯动物园的所在地；可是其南方大道（Southern Boulevard）沿线的临街界面却没有得到足够的重视，这里的高楼并不会对社区造成干扰；照片的左下方有两座住宅塔楼，形成了通往贝尔蒙特社区主要街道187号东街的门户；而照片上方则是贝尔蒙特社区东北角的标志——一组带有塔楼的公寓建筑群；这两组建筑都是由乔瓦尼·帕萨内拉设计的

在完成双子公园项目后，唐纳德·埃利奥特说服了杰奎琳、理查德、迈尔斯和我到他主管的城市规划部门工作。我已经在1974年出版的《作为公共政策的城市设计：改善城市的实践策略》（*Urban Design as Public Policy: Practical Methods for Improving Cities*）[2]一书中写到了我们在纽约的经验。本书的第2章和第3章中也会引用其中一些案例，用以说明我们在市政府工作期间设计的项目是如何完成的。

图1.4 我们计划中的另一栋中等收入补贴公寓楼，也面向布朗克斯公园，横跨南方大道，环绕着南方大道上的一栋小型公寓和三栋住宅，以及格罗特街（Grote Street）附近的两栋小型公寓和两座住宅；这栋建筑选择建于政府给予住房补贴的地段，而那里的绝大多数既有开发项目完全没有受到影响，这是非常不寻常的事情；这些新建筑是由理查德 · 迈耶设计的

社区参与规划和设计的发展历程

在1965年，仅仅是在规划编制的过程中向社区进行展示，并从反馈中学习，无疑就是一种进步。但现如今，社区期望更加紧密地参与整个设计和规划过程。

“规划中的代理与多元主义”

大约在我们为约翰 · 林赛的竞选起草立场文件的同时，保罗 · 戴维多夫（Paul Davidoff）在《美国规划师协会杂志》（*Journal of the American Institute of Planners*）上发表了一篇颇具影响力的文章，主张社区应该有代理人，帮助他们制定自己的规划，来对抗当权者制定的规划。这些代理人会帮助社区在决策未来事务时拥有平等的发言权。[3]

在双子公园项目中，虽然我们是为政府工作，但扮演的却是调解者的角色——制订了一些旨在帮助社区的规划。与此相反，身为律师的戴维多夫认为，正确的行动始终需要一个对抗性的过程。他观点中的难点在于，在推动城市变革的进程中缺乏类似法官或陪审团的角色。面对多元的规划，谁来决定该做什么呢？另一个问题是，最需要代理人支持的社区却负担不起代理人的费用，特别是任何基于社区的规划过程都需要持续的咨询和审查。

代理规划这个概念曾经吸引了一些年轻建筑师，他们自愿为社区提供帮助。但是与社区合作的过程是漫长且艰难的，比吃力不讨好更加糟糕。因为许多社区中都不乏居民们合乎情理的愤怒，他们想知道这些外来者到底是谁，他们在搞什么。一个不幸的结果是，很多建筑师放弃了城市设计的整体理念，而退回到传统的建筑实践之中。

使代理机制发挥作用的是基于大学设立的社区开发中心。1963年，布鲁克林普拉特学院（Pratt Institute）的罗纳德·希夫曼（Ronald Schiffman）成立了第一个社区开发中心。如今，还有许多其他类似机构，形成了一个以大学为基础的社区开发中心的全国性网络。这些非营利中心为一些设计师和规划师提供资金支持，并且通常由教职员工组成。他们能够吸引其他教授和学生参与进来，在理论和实践之间搭建起一座宝贵的桥梁，同时为社区提供专业服务。

这些大学设立的中心还帮助那些致力于推动社区开发的企业，比如贝德福德·史岱文森更新与复兴公司（Bedford Stuyvesant Renewal and Rehabilitation Corporation）。它成立于20世纪60年代中期，得到了参议员罗伯特·肯尼迪（Robert Kennedy）的资助，并获得了普拉特社区发展中心（Pratt Center for Community Development）的支持。基于社区的开发模式现在已经相当完善，这在一定程度上解答了保罗·戴维多夫提出的“谁来代表社区”的问题，尽管依然没有类似法官的角色——除非某个规划需要司法最终裁决。

当社区说不

当美国国家公园管理局（National Park Service）规划团队在1974年提出了纽约市和新泽西州（New Jersey）的《盖特威国家休闲区总体管理规划》（*General Management Plan for the Gateway National Recreation Area*）时，他们遇到了拟建公园周边社区的强烈反对。这些社区组织得很好，组织动员了许多愤怒的居民参加会议，根本不需要其他代理人。

1969年，区域规划协会提出，在纽约市辖区内的公有沿海区域应该被划定为国家海滨公园（National Seashore）。这个想法得到了林赛市长和时任内政部长的沃尔特·希克尔（Walter Hickel）的支持。尽管尼克松总统（President Nixon）在1970年解雇了希克尔，但是在纽约—新泽西大都市区建立海滨沿线公园的想法仍然得到了尼克松政府的支持。唐纳德·埃利奥特作为规划委员会主席，代表纽约市与联邦政府进行了关于创建新公园的谈判。1972年，国会通过立法建立了最早的两个城市国家公园，即纽约市的盖特威国家休闲区（Gateway National Recreation Area）和旧金山金门国家休闲区（Golden Gate National Recreation Area）。

当越来越多的人反对"盖特威规划"的时候，一位非常有影响力的名人玛丽安·海斯凯尔（Marian Heiskell）提出了建议。她曾经领导过建立盖特威国家休闲区的运动，她是拥有《纽约时报》（*New York Times*）家族的成员，而她丈夫则是时代股份有限公司（Time Incorporated）的主席。当时她向公园管理局建议去请教唐纳德·埃利奥特下一步该怎么办。1973年，唐纳德回到了他的韦伯斯特·谢菲尔德律师事务所（Webster & Sheffield）。唐纳德建议公园管理局聘请我和我的城市设计小组的同事理查德·韦恩斯坦，协助他们引导规划的推进并争取民众支持。当时林赛刚刚离任，而成为曼哈顿下城发展办公室（Office of Lower Manhattan Development）主任的理查德也已从市政府离职，并开始担任咨询顾问。

理查德和我在国家公园管理局位于布鲁克林弗洛伊德贝涅特机场（Floyd Bennett Field）的临时办公室里与公园管理局的规划师们会面，我发现他们是一个非常能干的团队。我们听取了他们的介绍，认为他们的方案并没有太大问题。我们解释说，纽约人总是把最可怕的恐惧投射到任何拟议中的新开发项目上，而且在过去这种做法经常是正确的。公园管理局需要把他们已经做过的事情拆解开来，然后将其作为公众参与的过程进行重新组合。我们详细解释了需要进行的步骤：先听取意见并开展事实调查；然后讨论备选方案；最后做出决策——只有当我们认为可能与他们已经得出的结论相似时，才展示最终方案。

德怀特·雷蒂（Dwight Rettie）是美国国家公园管理局局长的特别助理，他被派来调查盖特威国家休闲区发生了什么。他同意了我们提出的方向，并确保了员工有足够的时间完成任务。公园管理局聘请理查德和我担任常驻顾问，但理查德发现按照他们的付费标准，他没法全身心地投入盖特威的工作。不过，在一些内部设计与规划会议上，他确实贡献了不少好点子。那时我已经是纽约市立学院（The City College of New York）的教授，指导城市设计方向的研究生课程。学院允许我做一些咨询工作，因此我不是特别担心报酬的问题。

公园管理局盖特威国家休闲区的团队负责人迈克尔·阿德勒斯坦（Michael Adlerstein），在管理公众参与过程方面富有经验。[4]他并不需要太多协助，当然，我还在教学，同时忙着其他工作。

公众抗议的一个主要原因是关于洛克威半岛（Rockaway Peninsula）沿岸私人海滩俱乐部未来的问题。这些俱乐部向市政府租赁了毗邻里斯公园（Riis Park）的公共海滩，当所有权从市政府转移到公园管理局时，公园管理局认为应该清除这些俱乐部，并向公众开放他们的海滩——这符合他们的一贯做法。然而，公园管理局之前并不了解对许多人来说这些俱乐部有多重要。在理解了问题后，他们提出了一个折中方案：让俱乐部继续运营，直到公园管理局有足够的预算建一个新的公共海滩来取代它们。考虑到其他优先事项，以及俱乐部毗邻里斯公园巨大的公共海滩，这个计划将会是很多年之后的事了。一旦公园管理局明白了问题所在，所有其他当地的争议也都将迎刃而解。

我一直在给盖特威项目提供咨询，涵盖了所有的规划阶段。我参与了必要的环境影响报告的编制工作，还在科罗拉多州（Colorado）拉克伍德市（Lakewood）丹佛服务中心（Denver Service Center）参加公园管理局规划办公室的工作会议。

新泽西州的桑迪胡克半岛（Sandy Hook Peninsula）是外纽约港的一部分，也是盖特威国家休闲区的一部分。该计划要求在海岸线上建造一系列海滩凉亭，并修复半岛北端原汉考克堡（Fort Hancock）的历史建筑。公园管理局制定了详细的环境影响报告，将各类自然资源绘制成图，并简略描述了所有建筑的状况。就在即将完成环境影响报告的最后时刻，美国陆军的一位代表在拉克伍德市举行的政府部门间工作会议上承认，在军队将汉考克堡移交给公园管理局时，这片土地上还埋藏着第一次世界大战期间这里作为试验场时留下来的未爆炸弹药。这为环境影响报告提供了有用的提示：即使我们关注了每个可见的细节，仍然可能忽略最重要的问题。为了找到并清除这些弹药，我们需要对规划时间进行一些调整。

盖特威国家休闲区一直没有得到足够的资金来完全实施这一规划。就在我写这篇文章的时候，仍有一家俱乐部没有搬离洛克威海滩。

规划与设计工作坊

如果像我们在布朗克斯区所做的那样，只是向社区展示方案，并没有真正给予他们对内容发表意见的机会，只能获知他们是否喜欢这个方案。解决问题的一个办法是通过工作坊来启动规划进程。工作坊是公开发布的，并向所有人开放，尽管并非所有有时间且愿意参与的个人都能完全代表整个社区的观点。主持工作坊的规划师和设计师首先要求大家明确社区面临的重大问题，并以一种所有人都看得到的方式记录下来。当在场的人确信已经提出了所有必要的问题后，会有一个短暂停歇，组织者会为每个确定的关键议题设置单独的桌椅和记录讨论的方式。与会者可以选择在哪张桌子旁边落座，每个小组将讨论如何解决该桌上的问题。我们鼓励大家发表自己的观点，如果他们愿意，还可以去其他小组交流。每个小组需指定一名报告员，向整个工作坊传达他们讨论的结论。整体总结性的讨论由组织者记录并誊写，然后发送给参会者和社区中的其他人。当方案的第一次迭代在下一次社区会议上被提出时，规划师和设计师就会注意到在参会者心中哪些问题应该得到解决。

这个过程远非确定的。人们可能会改变主意，参加工作坊的人未必和下次听报告的是同一个人，但这是一种建立信任和沟通的方式（图1.5）。

多方研讨会（Charrettes）

在巴黎美术学院（L'Ecole des Beaux Arts），包括一些美国人在内的几代建筑师，都接受这样的教育体系：他们在工作室中设计作品，在截止日期前这些作品会被收集起来送去评判和打分。学生绘制好的图纸被装裱在硬纸板上，由工作人员收集起来，放到一辆小推车（charrette）上。据说，有时学生会在小车离开工作室时跑到小车旁作最后的润色。学生们把面临最后期限的过程称为“en charrette”。

在建筑界，为了赶工期而长时间加班被称为“charrette”。

安德烈斯·杜安伊（Andres Duany）和伊丽莎白·普拉特–兹伊贝克（Elizabeth Plater-Zyberk）在他们的城市设计实践中使用多方研讨会来提升与社区的沟通。他们把整个设计过程带到他们工作

图1.5 一个社区工作坊，在每张桌子旁，人们都在讨论一个特定的议题，人们可以在桌子之间随意转换；在研讨会结束时，每张桌子都需派一位代表，向整个小组汇报他们的发现

所在的社区，同时让公众能够全程跟进他们所有的工作内容。人们可以随意进出、观察，甚至坐下来积极参与其中。多方研讨会通常会持续四五天时间，包括周末。每天结束时都会有一个公开的进展报告，并且对已完成的部分进行广泛宣传和公开讨论。

当然，每次组织多方研讨会都得做好大量准备工作，还要花上6周左右的时间回到办公室整理一份最终报告。获得设计师和顾问们的集中关注是十分有效的：他们在现场工作的时间很可能要比他们在办公室里工作的时间要长得多。我将在第7章介绍密苏里州（Missouri）怀尔德伍德市（Wildwood）中心的多方研讨会。

比尔·莱纳茨（Bill Lennertz）是杜安伊/普拉特-兹伊贝克事务所（The Duany/Plater-Zyberk office）的一员，他一直非常支持将多方研讨会作为与社区合作的基本方式。他现在担任国家多方研讨研究院（The National Charrette Institute）的主席，该机构的总部位于密歇根州立大学（Michigan State University），在规划和设计议题的多方研讨会方面积累了丰富的管理经验。

城市土地学会专家咨询服务小组（The Urban Land Institute's Panel Advisory Services）是由一群专家组成的志愿者团队，类似于多方研讨会，虽然其公众参与主要体现为与政要和商界领袖会面。

工作委员会

可以任命一个由本地居民组成的工作委员会，来回应顾问们提出的建议。委员会成员在所回应的议题上往往拥有能够积极影响最终结果的专业技术或政治专长。这些委员会的会议可以对公众开放，但委员会自身的成员是固定的，并通过一系列公共演讲来解决其中的一个问题。第2章将会介绍纽约欧文顿村（village of Irvington）的工作委员会。在奥马哈市（Omaha），我们不仅成立了工作委员会，而且组织了一系列公开演讲，这部分内容将在第9章中进行阐述。代表该市决策者的工作委员会在向大众进行公开演讲之前审查演讲内容的详情。

一个典型的社区设计规划

现在，包括弗吉尼亚州（Virginia）诺福克市（Norfolk）在内的许多城市都为每个社区制定了规划，这成为未来发展的共识指南。2002～2004年，我担任诺福克市大沃兹角地区综合规划（Greater Wards Corner Area Comprehensive Plan）的顾问。

我们考察了沃兹角附近的街区，它围绕在一个从市中心向北延伸的主干道的十字路口附近，靠近一个高速公路交汇处，这里有潜力成为社区商业和住宅中心。我们的设计流程需要召开多次会议，向社区解释我们的理念，以获得他们的同意或者找到一个可以接受的替代性方案。在工作坊伊始我们制定了如下原则：

- 利用城市权力和新的投资来消除高犯罪率地区的不良影响，并通过全面执行法规来促进安全维护；
- 创造一个充满活力的优质零售、娱乐和本地服务的新组合，以满足当地居民和区域商圈的需求和喜好；
- 鼓励沃兹角社区采用一种新的、更具城市特色的发展模式，即行人导向的、具有充满活力的混合功能的模式，以重塑该地区的场所感；
- 鼓励住房市场多样化，将高品质的高密度住房与零售业态交错布局，打造热闹的步行环境，美化小溪路（Little Creek Road）沿线和其他高速公路走廊的景色，创造更高效的人车出行模式；
- 加强配套设施建设，帮助重建沃兹角社区，使其成为诺福克市最受各经济收入阶层的家庭欢迎的居住地之一。

每次宣讲的一个重要部分就是展示如何将商定的原则转化为城市设计概念。举个例子：我们可以把位于沃兹角中心十字路口的两个带状购物中心改造成围绕庭院建造的公寓住区；在首层开设商店，同时把目前占用大量土地的地面停车导入车库。在提出这样的建议时，基于对市场需求和财务可行性的现实预测是非常重要的。与我们一起编制规划的经济顾问认为这样的提案是可行的。我们展示了一些来自其他社区成功项目的建筑方案，演示了如何将其融入场地并创造有价值的公共空间（图1.6）。我们还为社区其他密度较低的区域准备了类似的方案和效果图。

在最后一次会议上，当我们的陈述和讨论完成后，市长保罗·弗雷姆（Paul Fraim）问在场有没有人不同意这个计划。有一个人举起了手。“你的投票被否决了”，市长说。该规划于2004年

图1.6 弗吉尼亚州诺福克市沃兹角区未来开发的效果图；诺福克市准备为所有社区编制决定城市发展政策的规划，这些规划可以远远超出实际发展状况，就像这里一样，但是社区和城市共享着一个理想的未来愿景

11月被诺福克市议会（The Norfolk City Council）采纳，并于2009年被议会再次确认。

自此，沃兹角地区成为一个备受关注的密集开发备选点，因为海平面上升让诺福克市其他一些地区的未来变得备受质疑。

由地方组织形成的联盟——“当今沃兹角”（Wards Corner Now）在他们的网站上醒目地展示了这个规划。然而，那两个带状购物中心仍在那里，社区仍然支持我们的提案，但这两座购物中心的业主对当前的回报感到满意，并且还没有看到追求更高密度的开发或出售其物业的理由。不过考虑到电子商务对零售业的影响，变化是有可能发生的。而且，我们也能够清楚地看到其他一些可能性。[5]

实施策略

为了让社区参与到设计和规划中来，首先需要达成共识，即大家都认同现状研判并提出改进需求。然后，设计师应当解释他们的设计思路。有时候，设计师觉得自己的作品很有说服力，但是很多人是看不懂图纸的，也无法想象它们是如何应用于特定情况的。而社区必须理解为什么特定的设计对他们来说是个好选择。

和社区成员一起组织工作坊是基于现有条件达成共识的好方法。接下来，还要进行一系列必要的公开展示。首先，我们会展示一系列备选方案，再从中挑选出最佳方案，并据此制定出具体的设计与规划。这一过程耗时较长，需确保大多数参与者均认同所选方案为当前情境下的最优解，方可告一段落。即使总会有一些人不同意，但他们通常不会占很大比例。

多方研讨会虽是缩短设计决策过程的好方法，但它能否成功则取决于社区参与者的代表性。设计和规划顾问有责任提出既经济实惠又政治上可行的备选方案。

就无法实现的想法达成共识是毫无意义的。在双子公园项目中，我们首先从市政府那里拿到了住房资源，然后得到了规划的支持，并与州属城市开发公司一起制定了实施方案。

然而，当纽约市的“模范城市计划”按照双子公园类似的规划流程推进时，很多本来可以用于“模范城市计划”及其实施的联邦资金却被挪作他用——用于越南战争（Vietnam War）。结果是，虽然社区达成了一致意见，但实际上真正付诸行动的却很少。这种失望的经历比根本不制定规划还要糟糕。

在第9章阐述的基于社区的“设计奥马哈”（Omaha by Design）项目中，我们得先小心翼翼地征求工作审查委员会（Working Review Committee）的同意，才能向公众展示提案。这个委员会代表了各类社区领导者、投资者和城市官员。我们的最终报告获得了批准，在适当的情况下被转化为法规，并继续实施。

【补充阅读建议】

简·雅各布斯（Jane Jacobs）在她的著作中巧妙地揭示了设计师和理论家所认为的对人们有益之物与人们实际需求和欲望之间存在的鸿沟。她的义愤填膺至今依然让1961年兰登书屋（Random House）出版的《美国大城市的死与生》（*The Death and Life of Great American Cities*）被读者津津乐道。然而，雅各布斯所反映的是20世纪50年代城市向郊区大规模扩张之前发生的情况。她的书与当下问题最相关的部分可能是最后一章"城市的本质何在"（The Kind of Problem the City Is）。

保罗·戴维多夫于1965年发表在《美国规划师协会杂志》第31期第331～338页的"规划中的代理与多元主义"（Advocacy and Pluralism in Planning）一文，批评了当时的规划专业过于关注规划的物质方面，而忽视了对经济和社会问题的理解。文章还呼吁社区居民拥有自己的规划师，以充当社区官方规划制定过程中的代理人。本书以为贫穷的被告提供法律援助作为类比，阐述了如何为无力支付专业援助费用的社区提供制定这些备选规划方案的资金。戴维多夫没有回答的是，当同一情况下出现相互冲突的规划时，该如何解决问题。

比尔·莱纳茨是杜安伊/普拉特–兹伊贝克事务所的一员，同时也是国家多方研讨研究院的联合创始人和前任主任，目前该机构隶属于密歇根州立大学。他与艾琳·卢茨赛泽以及许多其他编著者合著了《多方研讨手册：基于设计的公众参与基本指南》（Routledge出版社，第二版，2017年）。该手册系统地介绍了社区规划与设计研讨会的准备、组织以及举办过程，并详述了通过审批程序实施相关规划的方法。

【注　释】

[1] Jonathan Barnett, "A New Planning Process with Built-in Political Support", *Architectural Record,* May, 1966.

[2] Jonathan Barnett, *Urban Design as Public Policy: Practical Methods for Improving Cities* (NewYork: Architectural Record Books, McGraw Hill, 1974).

[3] Paul Davidoff, "Advocacy and Pluralism in Planning", *Journal of the American Institute of Planners* 31, no. 4 (1965): 331–338.

[4] 迈克尔·阿德勒斯坦（Michael Adlerstein）继续为国家公园管理局管理了许多其他项目，继而担任了纽约植物园的副总裁，随后成为联合国的助理秘书长，负责其纽约总部的翻新计划。

[5] The Comprehensive Plan for Wards Corner can be seen at https://docslib. org/doc/5434509/greater-wards-corner-comprehensive- plan.

02

保护环境

PROTECTING THE ENVIRONMENT

自然环境本身就像一个设计，因为它是由复杂且相互关联的力量的博弈所创造出来的，旨在产生一系列稳定的条件。一般来说，保护或增强自然景观是最好的城市与区域设计策略。但在20世纪初，当美国各地首次颁布区划（Zoning）和土地细分（Subdivision）法规时，它们却忽视了自然环境。区划把土地当成商品，根据对未来需求的预测分配不同的用途，但没有考虑到不同用途与景观特点之间的联系。开发法规与道路标准的制定，则都希望土地可以被建设成任何想要的形状。当建筑开发只占自然环境很小一部分时，这个设想还能接受；但随着越来越多的地区完全城市化，这个设想效果就变得越来越差。土地作为一个活生生的生态系统，在开发程度和土地承载能力之间往往存在严重不匹配的情况。

伊恩·麦克哈格（Ian McHarg）在1969年出版的开创性著作《设计结合自然》（*Design with Nature*）[1]中引起了人们对这个问题的关注。他强调指出，设计师必须顺应自然的力量，避免洪水、侵蚀、地下水位下降以及其他许多不良后果，而不是与之对抗。不幸的是，尽管人们渐渐意识到随着城市化在各地的蔓延，整个自然生态系统正变得越来越不稳定，但依靠工程手段使开发符合法规以及严格的行政标准的做法在各地仍然普遍存在。保持自然环境的可持续性已经成为城市设计的核心目标，但实现起来仍然面临既有法律与实际操作之间的艰难冲突。

利用公园规划和计划性开发进行保护

1967年，当我们加入纽约市规划局（the New York City Planning Department）时，我们的首批任务之一就是研究斯塔滕岛（Staten Island）上一大片乡野土地的发展潜力。当时的斯塔滕岛是纽约市5个行政区中最不发达的一个。虽然距离伊恩·麦克哈格著作的出版还有两年时间，但我们已经明白自然环境就像社区一样，它是预先存在的，我们应该与之合作，而不是对抗。

在靠近南端的地方，有一座山脊横贯整个场地，然后向西北倾斜。一条小溪蜿蜒流过，在中心形成一汪浅水池塘（图2.1）。我们发现，市政府已经为整个地区绘制了一份官方地图：密集的街道网络，设计得仿佛所有的土地都是平坦且干旱的。由于曼哈顿下城

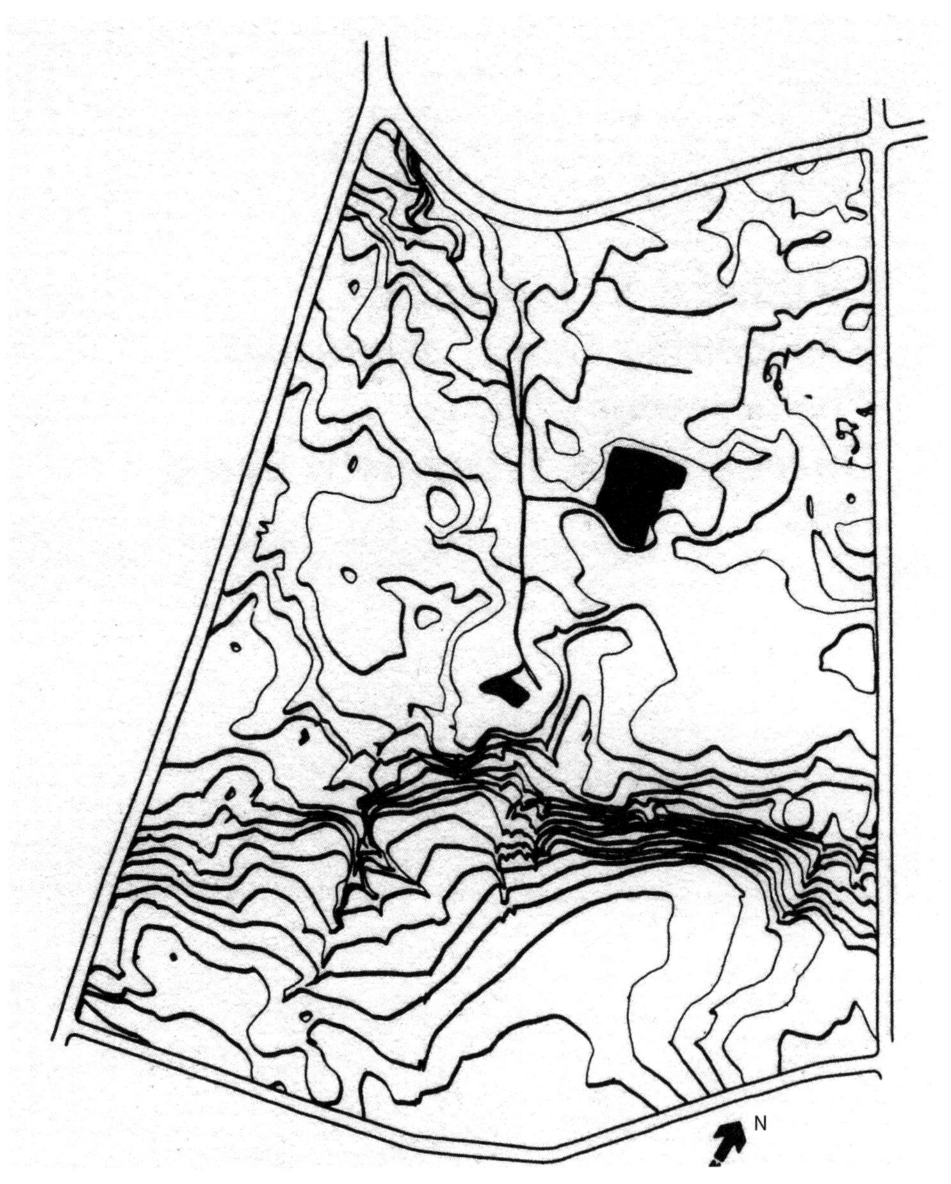

图2.1 纽约市斯塔滕岛区的这一大片土地在1967年还是一片森林和草地，地图上显示了陆地等高线，这里完全没有街道和建筑物

的街道对于最终拔地而起的摩天大楼来说实在是过于狭窄了，工程师们为了避免再犯同样的错误，设计这些乡村街道时格外注意。它们的宽度足以支持更高密度的开发，而这种开发不太可能取代划入该地块的联排住宅和双拼住宅（图2.2）。实施官方规划对谁都没好处，包括开发商自己也不得不把整片土地推平、重新规划等级，并修建比实际需要更多、更宽敞的街道。

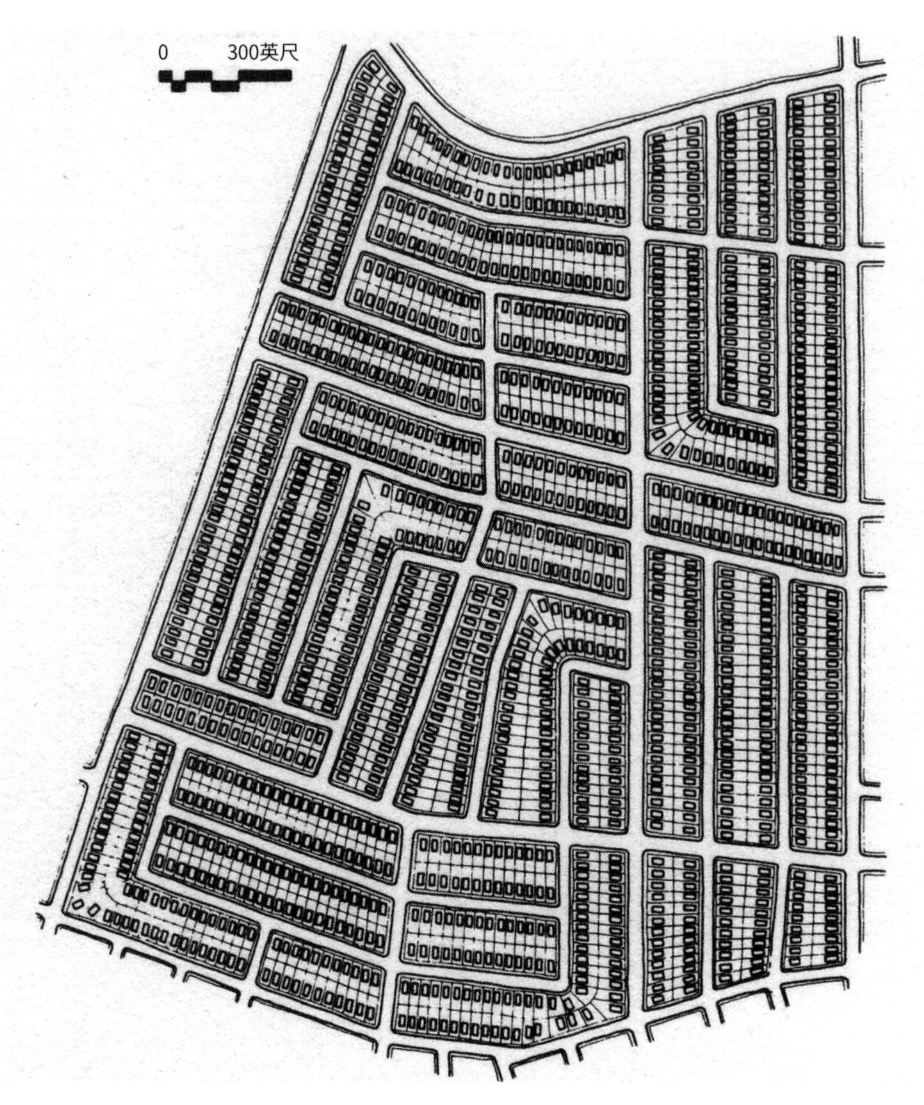

图2.2 纽约市政府已经为这个场地做了一份街道规划，但是方案中的街道太多、太宽，完全没有顾及土地等高线和任何其他自然环境因素

山脊和溪流在场地中间形成了一个T形空间。我们认为这是一处宜人的场所，会让整个开发项目更受欢迎，应该保持自然状态。为了替代原来的街道规划，我们建议从围绕建筑物的主路开始，设置一系列进入场地的环形街道，并且保留山脊的陡坡、溪流和池塘的完整性（图2.3）。规划委员会顾问诺曼·马库斯（Norman Marcus）建议说，要让我们的计划变得可行，就必须修改区划条

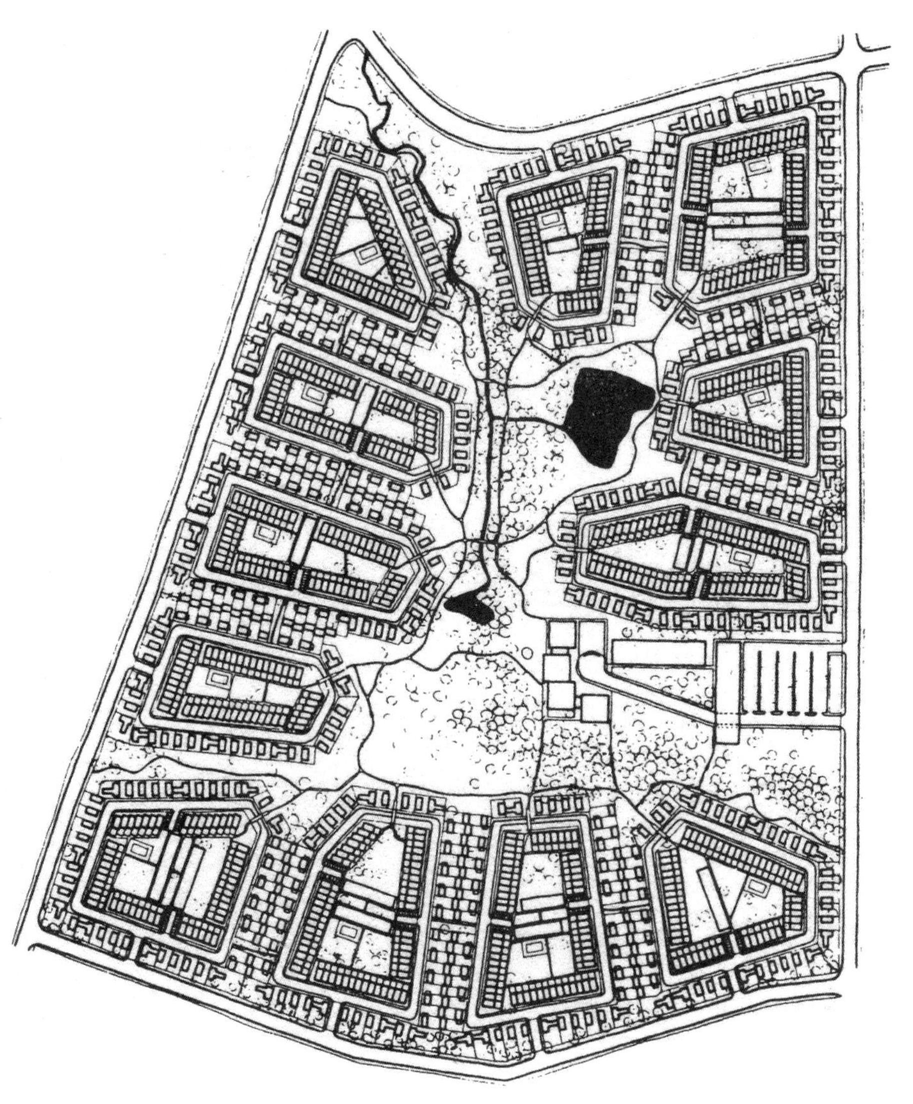

图2.3 由纽约市规划局城市设计小组提出的另一份街道和开放空间规划方案，该地块的开发商认为这是一个更好的选择；规划中有一所小学，学生可以通过开放空间步行上学，还有一个小型购物中心

例，创建一个规划单元开发（Planned Unit Development，PUD）选项。规划单元开发（PUD）已经成为将城市化扩展到新地区常用的方式之一，但当时它还是相对较新的概念，在纽约市尚未使用过。顾名思义，一块土地可以被规划为一个单元，如果总体开发符合区划规定，那么新规划的街道和地块可以被纳入官方的街道和土地细分图中。

我们还考虑了另一种选择，即只对街道地图作简单的修改。这样可以有效地接手开发商对场地的设计，但需要进行复杂的谈判。相反，我们推荐了几个能够协调开发商和市政府利益的建筑公司。开发商选择了诺曼·杰夫（Norman Jaffe），他为整个场地编制了一份总体规划，虽然在某些方面与我们的图纸不同，但却实现了相同的意图。市政府在区划条例中增加了PUD条款，杰夫的总体规划被批准为该场地的区划和街道规划。杰夫还设计了前4条环形街道两侧的联排住宅，以及溪流和公园周围的景观。正如我们所建议的那样，总体规划为一所公立小学和一个社区零售中心预留了土地，并且现在它们都已被建成（图2.4）。我们还编写并出版了一本关于PUD标准的书籍，向纽约市的其他开发商展示，如果他们希望采用这个选项，他们需要做些什么。[2]

当埃德蒙·培根（Edmund Bacon）担任费城规划委员会（Philadelphia's Planning Commission）执行主任时，曾尝试过另一种保护自然环境的方法。他利用自己在城市街道设计和公园管理方面的权力，为当时还是费城东北部乡村地区的数千英亩土地制定了开发计划。规划通过弯曲的街道勾勒出成组的住宅地块，并沿着连续的公园系统分布，该系统保护了河床两侧的土地。自1959年规划实施开始，随着土地被征用开发，每个开发商都必须遵循街道规划，并将指定的土地贡献给城市，作为公园空间。威廉·H.怀特（William H. Whyte）在他的著作《最后的风景》（*The Last Landscape*）中对北费城的这一举措表示赞许，但同时他也总结道："这个规划虽然很先进，但实施结果并不尽如人意，人们实际看到的只有令人失望的普通景象。"[3]

培根方法的优点是它能够全面地处理一个更大范围的区域，而且可以避免推土机把自然环境中的重要部分铲平。其不足之处在于费城市政府几乎无法管控沿街建筑物。因为街道、开放空间和拟建

图2.4 纽约市政府通过了一项关于城市综合开发的区划决议修正案，这在当时是一项新技术，在纽约从未使用过；由建筑师诺曼·杰夫所做的场地规划被批准为PUD，就像我们提议的那样，方案围绕着中央开放空间形成了环形街道；同时，按照我们的建议，还规划了一所小学和一个小型购物中心，建成效果如照片右侧所示；杰夫还设计了前4条环形街道周围灰色屋顶的联排住宅

建筑都是开发商所应提交审批文件的一部分，所以当地政府在PUD项目中具有更大的话语权。但这种控制只适用于单一产权用地，并不能覆盖整个区域。政府还得继续执行已批准的PUD计划。在斯塔滕岛上发生的事情是，绿茵山庄（Village Greens）作为开发的第一阶段取得了良好的效果，形成了一个令人向往的社区。可惜后来城市管理部门允许该地回归到常规模式进行开发，虽然保留了开放空间，供孩子们穿行去学校（图2.5）。

无论是PUD修正案还是经过改进的官方街道规划，都不能弥补区划和土地细分法规对自然环境持续忽视的问题。就连伊恩·麦克哈格也为区划权力感到震惊，他在自己的书中描述了当房屋之间有足够大的间距时应如何开发林地。但要容纳麦克哈格书中所描绘的住宅数量以及配套的街道及服务设施，那么这片区域也就不能算是林地景观了。

图2.5 虽然最初PUD中批准的街道和开放空间规划仍在继续使用，但随着地块的开发完成，后来的城市管理部门允许该地回归到较为常规的住宅和公寓开发模式

纠正对自然环境监管的盲目性

为什么成熟的林地、陡峭的山坡或湿地，尤其是水下土地，要持有和相对平坦、开阔、排水良好的土地一样的开发权益呢？莱恩·肯迪格（Lane Kendig）在他的《绩效区划》（*Performance Zoning*）一书中表示不应该这样做。他在书中建议当地政府在计算任何区块允许开发的土地面积时，对那些容易受到开发影响的土地应予以折算，并通过PUD程序来确保那些脆弱地区不会被建设。肯迪格提出了一种方法，即针对每块场地逐一修改现有法规，而无需重写任何基本规则。他的书从未得到应有的关注，可能是因为书名没有准确描述书中最重要的思想。如果改为《环境区划》（*Environmental Zoning*），可能会更好些。[4]

欧文顿村（Irvington）环境区划

肯迪格的书果真引起了纽约欧文顿村董事会的注意。他们担心新的开发项目会破坏这个位于纽约市北部哈得孙河（Hudson River）岸边郊区村庄的美景，于是找来了规划师曼努埃尔·伊曼纽尔（Manuel S. Emanuel）来帮忙重写部分区划法规，并请我向全村解释传统区划和基于环境保护的替代方案有什么不同。为此，我联合了才华横溢的建筑师及城市设计师史蒂文·彼得森（Steven Peterson），共同开展这个项目。在我撰写的《破碎的大都市》（*The Fractured Metropolis*）一书中，介绍了欧文顿村的规划过程，并分享了一些图纸。[5]

欧文顿村的问题和那些以环境保护为借口拒绝建造经济适用房的社区完全不同。目前，村里大约有一半的住房是多户住宅，包括共管公寓、合作公寓和出租公寓，总计大约1100套。村里还有1180套独户住宅，其中很多都是小户型住宅；此外，还有大约100套双拼或三拼住宅。[6]

社区担心的是，将大片土地划定为新建高档住宅区域并进行细分，会导致场地被夷为平地，同时砍伐掉所有的树木。欧文顿村的分区规划是基于最小地块面积来确定每英亩所允许建设的房屋数量。和其他许多地方一样，欧文顿村采用了一种叫作"台球桌法"（the billiard-table approach）的方式，来计算在某片特定场地上可以开发出多少个住宅地块。申请人可以假设场地像台球桌表面一样平整，并以此布局道路和房屋用地。这种计算决定了该地块上能够容纳的房屋数量，并促使开发商尽可能让土地接近台球桌的平坦状态。

为了支持改变欧文顿村批准开发的方式，村长任命了一个工作委员会，告知顾问们该村是如何看待这个问题的，并对顾问们提出的建议作出回应。该委员会包括几名律师和一些经验丰富的企业高管。会议是对公众开放的，但由委员会负责安排议程。

在向委员会作早期汇报中，史蒂文和我画了一张地图，展示了当时欧文顿村的开发情况（图2.6），以及一张未来欧文顿村的想象图，其中每一块可用的土地都按照当时的区划法规和"台球桌法"进行了开发。我们并没有夸大其词，只是如实说明如果继续按照当时的方式进行开发，将会出现什么情况（图2.7）。这个策略充分

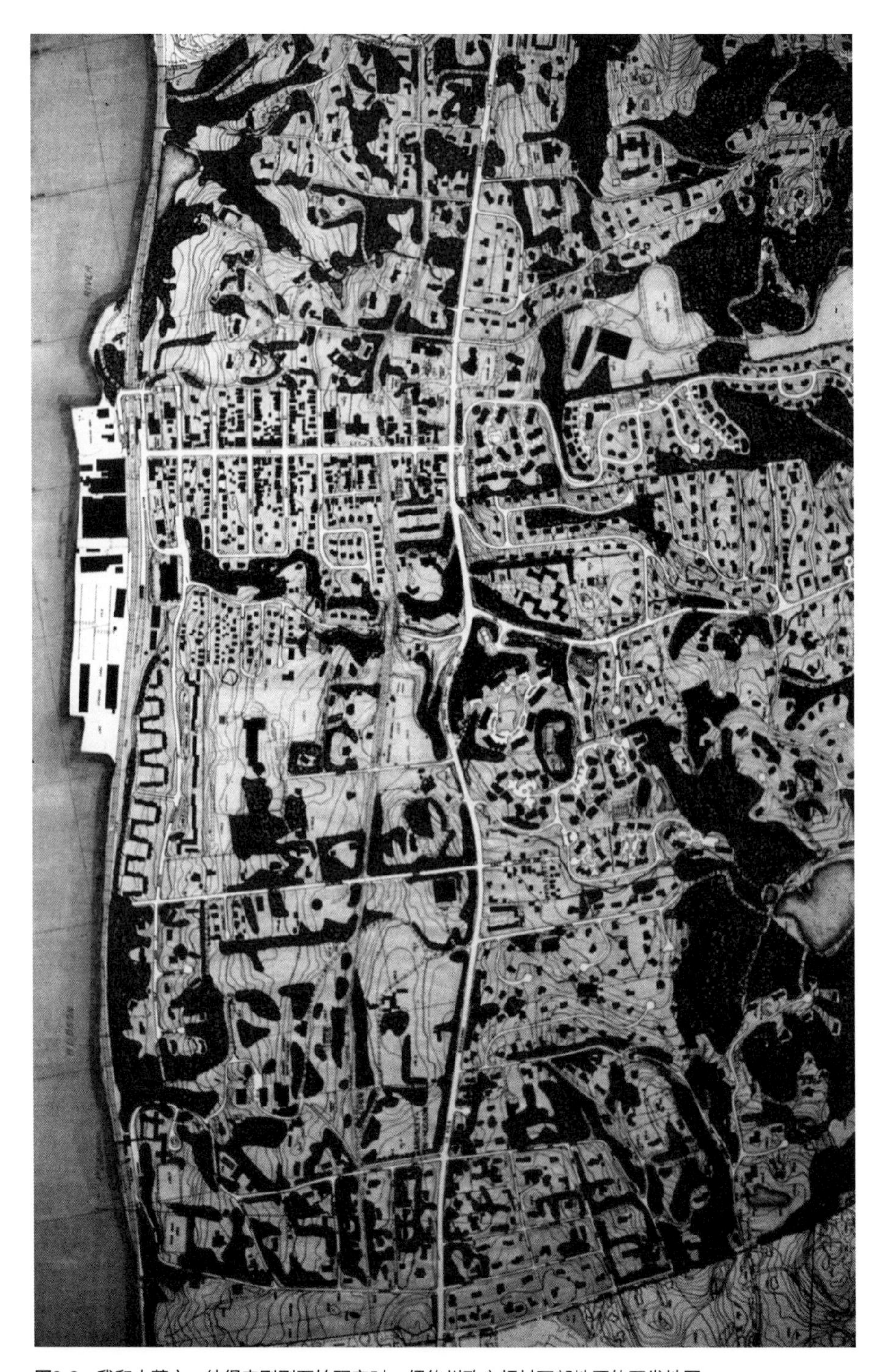

图2.6 我和史蒂文 · 彼得森刚刚开始研究时，纽约州欧文顿村西部地区的开发地图

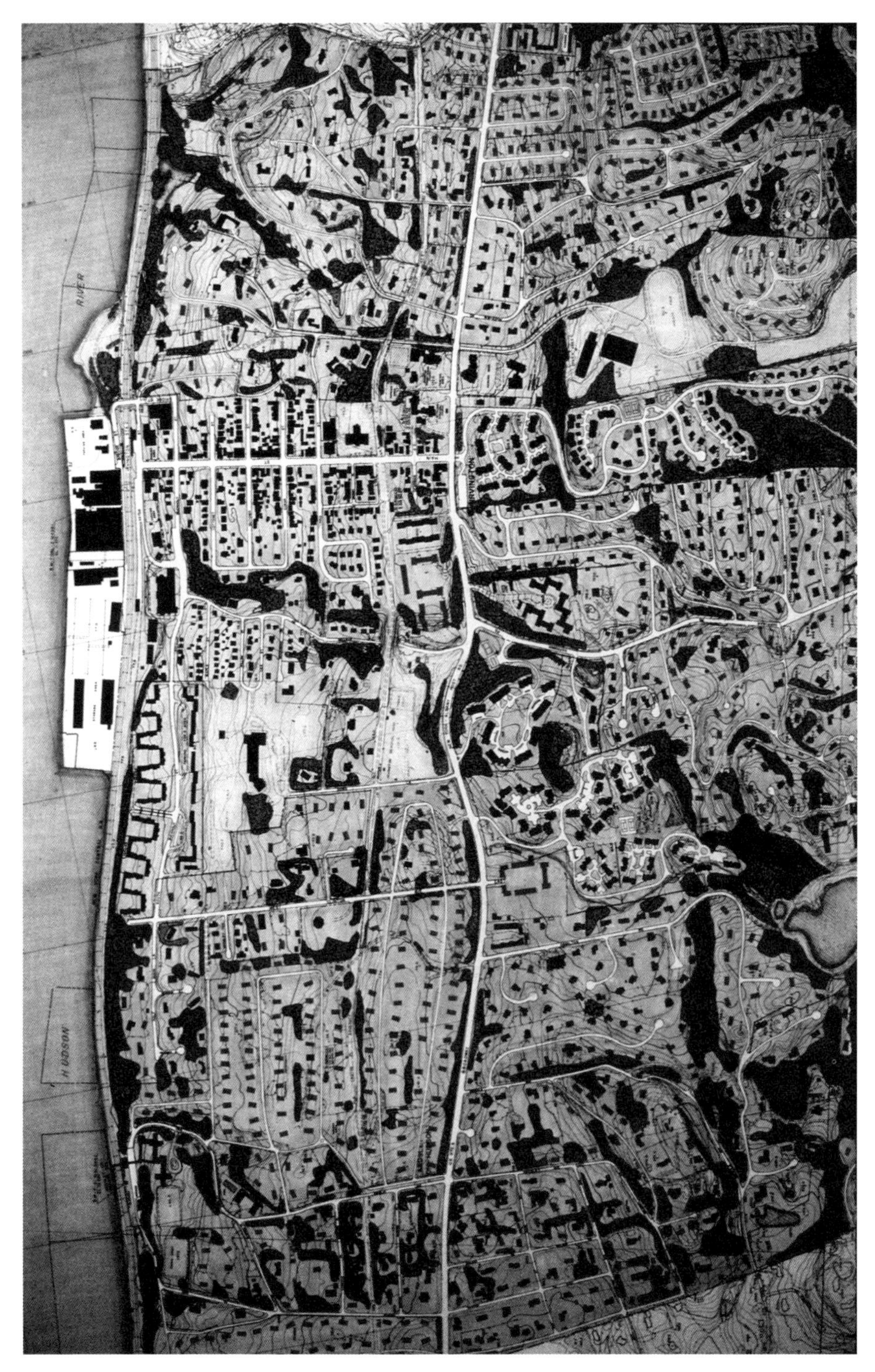

图2.7 如果按照当时的区划法规继续执行，直到整个村庄完全建成，那些图中的新房子很有可能会被开发商建起来

证明开发必须考虑土地的承载能力，而不是一个假想中的“台球桌”。然后，我们用小范围的图示说明了如果将环保措施纳入区划中，新的开发项目会变成什么样子。

委员会得出的结论是，该村应该按照莱恩·肯迪格提议的那样修改区划，根据土地因建设而失去平衡时的土地脆弱程度来减少计算开发权所需的地块面积。1990年颁布的欧文顿村区划条例第15条“资源保护”详细说明了应如何计算土地面积，以确定各区域内可以建造些什么。[7]首先，申请人必须提供准确的土地测量报告。在计算可开发面积之前，必须从基地面积中扣除全部湖泊、池塘、水道、哈得孙河土地、流域土地、湿地和洪泛平原等特殊条件下不适合建设的部分。任何坡度超过25°的土地将被扣除3/4，在15°～25°坡度范围内则必须被扣除一半。

资源保护区划条例仍然有效，欧文顿村在其他方面已成为一个非常注重环保的社区。区划制定的环境行动计划包括让村庄的运营更加可持续，致力于改善雨水管理，并优化建筑法规，以鼓励“绿色”建筑项目。[8]

将环境设计转化为法规

将开发与土地承载力联系起来的要求仍然是个例外，而气候变化导致了一个越来越紧迫的问题：区划所允许的事物与自然景观可管理的事物之间出现了脱节。在2017年由林肯土地政策研究院（Lincoln Institute of Land Policy）出版的《重塑开发法规》（*Reinventing Development Regulations*）一书中，布莱恩·布莱泽（Brian Blaesser）和我根据我在欧文顿村的经验，以及我们在怀尔德伍德市（Wildwood）和奥马哈市共同工作的经验，提出了改善建筑与自然环境关系的建议，这些经验将在本书的后面详细描述。[9]

将区划图与地理信息系统图配对

几乎所有地方的官方区划地图都仍在用那种从20世纪20年代开始一直使用的二维街道和地籍图。在申请区划或土地细分批准时，地方政府一直依赖开发商提交的详细地块地图来作决策。然而，仅仅依赖这些特定地块的地图，将难以全面评估新开发项目对周边环境条件的影响。现在，城市和乡镇可以通过使用地理信息系统（Geographic Information Systems，GIS）获得比传统区划地图更丰富的信息。它们可以在街道和地块规划图上打印出土地等高线、排水系统、土壤条件，以及现有建筑物的航拍照片等内容。尽管开发商仍然需要精确的环境地图来满足其个人的应用需求，但地方政府的GIS可以在决策的最初阶段，甚至在他们购买或选择土地之前，为开发商提供场地条件的概览。

利用GIS信息和其他科学建议，社区可以编制自然资源保护规划，这成了维持环境敏感地区可持续发展的基础。有点像埃德蒙·培根在20世纪50年代为北费城制定的规划，但具有清晰表达的客观依据。在易受洪水或野火威胁的地方建房也会受到限制。通过这种方式，那些不适合建造建筑物和道路的场地会提前得到官方确认，并被相应地划定出区域，而不是等到关于自然环境部分的开发申请被提交上来之时。尽管欧文顿村的区划有着完善的资源保护措施，但仍然会发生这种情况。

为了防止开发商在申请获得批准之前就忍不住清理植被并重新修整景观，布莱恩和我建议每个社区都制定一个阶段性条例，规定在对任何土地造成扰动之前都必须获得许可，并且该许可只能用于实施已获批准的规划。此外，还需要制定树木保护条例，以防止未经许可大规模砍伐林地。

取消相同面积地块的要求

当规划师决定一个区域应有特定的开发密度时——比如说住宅区每英亩不超过4栋房屋——他们会通过在法规中设置最小地块面积来实现这一目标。在这个例子中，每英亩土地可以批准4块地，而每块地不小于1万平方英尺（约930平方米）。1英亩相当于43560平方英尺（约4047平方米），除去4块地的最小面积之和，还能留出些空间作为通行的道路。当然，开发商也可以拥有数量更少、面积更大的地块。但是为了保持在区划密度范围内，该规划区内的每个地块都必须至少达到1万平方英尺（约930平方米）且每英亩不得超过4个地块。

正是最小地块面积的要求，导致了“千篇一律”社区的产生。在这种社区里，每栋房屋、每个地块的面积都是相同的，这种现象有时可以扩展到数百甚至上千座郊区住宅的开发项目。

PUD允许在保持原有密度的情况下改变地块大小，这与另一种区划方法——传统邻里开发（Traditional Neighborhood Development，TND）异曲同工。这使得新城市主义者的设计成为可能，因为他们试图将开发方式回归到单一功能区划之前的时代。这两种方法都需要一个特殊的流程，而且这些流程和变更区划一样复杂且不确定。首先必须举行规划听证会，当地立法机构会在听证会之后通过备选方案。

取消最小地块面积的法律推理，与PUD或传统邻里开发的逻辑相仿：潜在的分区密度不会改变；如果区划定位是独立住宅，那么密度也不会改变。然而，房屋可以都是2000平方英尺（约186平方米）的联排住宅，只要每英亩不超过4栋。在这种情况下，会有相当多的土地未被开发利用，这也是取消最小地块面积规定的原因之一。取消严格的地块面积要求使得街道和建筑布局变得更加从容，环境敏感的土地也因此得以保持自然状态。取消最小地块面积的规定，也更容易设计出紧凑且适合步行的社区。

取消最小地块面积不仅能够实施环境保护标准，而且不会减损开发者的建设权益，因此最好将其纳入基于GIS地图标准的环境保护覆盖区规划中。

街道规划和建筑用地的土地细分建议书通常需要进行规划审查，以确保符合法规。即使没有最小地块面积限制的提案也需要接受与其他土地细分相同的审查程序。

取消《土地细分条例》的坡度数值标准

为了符合土地细分条例中对最大道路坡度的要求，开发商会用推土机推平山丘填入山谷里，以“准备开发场地”。无论场地位于何处，法律都是如此规定。如果场地比较平坦，街道最大坡度为7%不会有太大问题。但是，如果是丘陵地形，就难以实现了，特别是当住宅地块的坡度也必须被考虑在内时（毕竟你不想在暴雨期间看到街道上的雨水倒灌进你家）。此外，交叉路口处的街道坡度需要降至4%左右，并且还要满足司机身处路段能够看见路口的可见性要求，这意味着它们必须具有近乎相同的标高。对于开发商来说，平整整个场地以满足各地的管理要求可谓最简单有效的解决方案。

另一种方式是在土地细分审查的过程中，要求证明道路坡度是安全的，而不是设置一个固定的数值标准。街道布局是一个设计的问题，最好在具体地块的方案中展开。如果没有最小地块面积的限制，开发商就可以在不那么陡峭的地方进行集中开发，而无须经过复杂的公共审批流程，那么规划安全的街道和地块就会容易得多。街道坡度的数值标准是基于对汽车行驶速度的假设，通常假设为每小时30英里（约每小时48公里），这一假设也是街道最小宽度的基础以及在土地细分条例中规定的十字路口道路转弯半径的基础。设计既安全又符合土地承载能力的街道时，只要地方政府的工程师准备批准这些标准，就应该采用评判标准而非数值标准来确定道路坡度、车道宽度和转弯半径。其中可以包括设计低速街道，这对于行人来说更加安全。

要求采取雨水滞蓄措施

如果能防止倾盆大雨在刚刚落下时就立刻流入街道和排水渠，那么洪水的风险就会大大降低。简单地要求车道采用能让雨水通过路面自然流入地下的铺装材料，就能带来很大的改善。而新的铺装技术已经使得这一做法得以实现。让每栋建筑的屋顶排水管流入雨水桶或蓄水池是另一个简单且经济的要求，这样做还可以为人们提供浇灌植物、冲洗汽车和门廊地板的清洁用水，而无须使用纯净的饮用水。透水铺装和屋顶蓄水池可以在建筑法规中加以规定，并且适用于所有新建房屋和任何重大的翻修改造工程。

要求建造绿色停车场

停车场，特别是购物中心和办公园区所需的那种规模，可能会成为洪水的主要来源。因为雨水会从停车场的铺装路面排至下水管道，导致当地排水系统不堪重负。如果停车场至少在停车位处铺设了透水路面，那么我们就可以通过调整设计方法来收集刚刚落下的雨水，对于车道处可能也是如此。然而，为了符合停车场的坡度要求而平整大片土地，可能会破坏周边地区的排水系统。安全的坡度应通过将停车场的部分区域修建成台地来实现，以便根据土地的自然坡度进行调整。而不是将大片区域夷为平地，并用巨大的挡土墙挡住上下坡边缘。

停车场的另一个问题是它们的热反射表面提高了周围地区的环境温度，造成了所谓的城市热岛效应。在极度酷热天气下，停车场实际上可能对某些人来说是个危险场所。为停车场降温的方法之一是遮阳，法规可以要求在每排停车位之间种植树木。确定树木种植数量的常用方法是设置特定的间距标准，例如树木应按照25英尺（约7.6米）的中心间距种植。树种可以留给业主自己决定，或者在规范中列出允许种植的树种。一个重要的监管问题是要求确保树木持续存活，这也是建筑部门检查人员的执法事项。

划定太阳能和风能通行区

社区采用区划法规的最初原因之一是为了保障采光和通风。一处房产的开发商不应阻挡其他房产的阳光和微风。如今，保障采光和通风包括保护太阳能电池板正常工作以及防止风能利用受到干扰。随着越来越多的人安装太阳能电池板，保护他们获得阳光的权益变得越发重要。地方政府可以利用GIS评估新建筑对周围建筑物太阳能利用的影响。而风能的利用则更加复杂，需要分析全年盛行风的变化情况。未来可以对允许建造高层建筑的区域进行规划，从而更好地利用风能，并尽量减少对其他区域产生负面影响。

如果你想更全面地了解这些监管概念及其背后的法律依据，可以去林肯土地政策研究院的网站免费下载布莱恩·布莱泽和我撰写的《重塑开发法规》一书，并阅读前3章。

实施策略

林地和农田不是等待着被开发的空地，而是生物生态系统的一部分，它们的持续存在对于维持地球上的生命来说至关重要。这个想法在原则上很容易被接受，但“作为一个实际问题”，它可能会遭到很多人的反对。环境保护措施可以被写入法规，包括列出环境敏感土地的类型，这些土地的面积必须被从区划权益计算中减去。

在阿登高地和欧文顿村这两个例子中，城市设计的核心策略是展示当前状况，并预测如果现有发展趋势继续下去会发生什么以及如若不然可以实现的更好结果。在第10章我们将会讨论相同方法在区域及大城市群尺度上的应用。

为了支持旨在保护自然环境关键方面的城市设计策略，我们有必要先了解它们的内涵。对于阿登高地和欧文顿村，我们依据的是美国地质调查局（the U.S. Geologic Survey）的地图。如今，以激光雷达为基础的计算机制图为我们提供了更加精确的工具，用于描绘自然地形等高线、植被和排水系统。当地社区可以利用这类信息和专家建议来制定全面的环境保护规划。

接下来，社区的区划法规应该根据这个综合规划进行修订，找出哪些地方对环境退化很敏感，因而需要得到保护。同时，我们还应识别城市化地区内的自然系统，并尽可能地恢复它们。

如果我们修订区划和土地细分法规，取消最小地块面积的要求（同时保持规定的区划密度），并用安全标准代替街道坡度、车道宽度以及交叉路口转弯半径等数值标准，那么保护自然资源就会变得更加容易。街道的布局是一个设计问题，应该用设计的方式来处理。

为防止暴雨造成的水土流失，我们可以在单一产权用地内设置雨水截留装置，如透水铺装和屋顶蓄水池。对于大型停车场来说，则需要采取更多措施来管理雨水径流，包括建造台地、铺设透水路面以及种植树木。树荫还可以缓解大型停车场产生的城市热岛效应。

最后，我们可以通过保护日照和盛行风的法规来保障单一产权用地的可再生能源，这些要求也是制定区划条例初衷的延伸。

【补充阅读建议】

伊恩·麦克哈格在其1969年出版的《设计结合自然》一书中，对于自然环境与建成环境之间的冲突提出了最明确的定义。该书最初于1969年出版，1995年由Wiley出版社出版的版本至今仍在印刷。值得注意的是，麦克哈格的这本书是在气候变化被视为一个重大问题之前撰写的。埃里克·范·埃克伦（Erik van Eekelen）和马蒂杰斯·布（Matthijs Bouw）在他们由nai 010出版社于2021年出版的《建造结合自然：创造·实施·扩展基于自然的解决方案》（*Building with Nature: Creating, Implementing, and Up-scaling Nature-based Solutions*）一书中描述了一种最新的方法。

若想了解如何修改区划条例，使其与自然环境和不断变化的气候更加贴合，请参阅2017年由乔纳森·巴奈特和布莱恩·布莱泽合著的《重塑开发法规》一书的第1章“将开发与自然环境相联系”（Relating Development to the Natural Environment）和第2章“在地管理气候变化”（Managing Climate Change Locally）（第7～73页）。该书可以从林肯土地政策研究院的网站免费下载。

还可以参考乔纳森·巴奈特和马蒂杰斯·布合著的《应对气候危机：为洪水、高温、干旱、野火而设计和建造》（*Managing the Climate Crisis: Designing and Building for Floods, Heat, Drought, and Wildfire*）一书，该书由Island出版社于2020年出版。

【注 释】

[1] Ian McHarg, *Design with Nature* (NewYork: American Natural History Press, 1969) and subsequent editions.

[2] NewYork City Department of City Planning, *Standards for Planned Unit Development*, 1968. The project on Staten Island is described in Jonathan Barnett, *Urban Design as Public Policy* (McGraw Hill, 1974), pp. 37–39.

[3] William H. Whyte, *The Last Landscape* (Garden City, NY: Doubleday, 1968). 这句引文出现在1970年“铁锚图书”版本的第252页。

[4] Lane Kendig, with Susan Connor, Cranston Byrd, and Judy Heyman, *Performance Zoning* (Washington, DC, and Chicago, IL: Planners Press, American Planning Association, 1980).

[5] Jonathan Barnett, *The Fractured Metropolis, Improving the New City, Restor- ing the Old City, Reshaping the Region,* Icon Editions (New York: HarperCollins, 1995), pp. 60–65.

[6] Susan Hodara, “Irvington, N.Y.: A Walkable Village With Striking Manhattan Views”, *New York Times*, August 1, 2018. From the article: “Although Irvington is dotted with multimillion-dollar mansions, its roughly 6,500 residents are a socioeconomically diverse mix.”

[7] The Irvington Zoning Code is available online. To read the provisions of Article XV, go to https://ecode360.com/ 11801377.

[8] Irvington Environmental Action Plan, https://www.irvingtonny.gov/400/ Environmental-Action-Plan.

[9] Jonathan Barnett and Brian W. Blaesser, *Reinventing Development Regulations* (Cambridge, MA: Lincoln Institute of Land Policy, 2017).

03

设计城市而非设计建筑

DESIGNING CITIES WITHOUT DESIGNING BUILDINGS

区划和土地细分法规是强大的城市设计工具，尽管它们对设计产生的影响通常是作为满足其他需求的副产品而出现的。可以积极利用开发法规来重新设计整个城市区域，尽管这与独立产权的大型地产建筑群的设计过程截然不同。

1967年，当我们开始作为纽约市规划局城市设计小组开展工作时，该市刚刚启用了新的区划法律。这是自1916年通过原始法规以来的首次全面修订。在过去的50年里，这座城市的大部分地区都按照旧有法规进行开发，因此这次变革突然且意义重大。这次修订引入了容积率作为控制建筑规模的手段，并将它与开发规模挂钩，不再像以前那样通过限制建筑高度和街道宽度来控制建筑尺度。新法规还明确指出，在建设密度最高的区域，如果将一定比例的房产用于设置开放广场，可以获得额外的建筑面积奖励。但是，新法规并未具体规定广场应位于何处、形状如何，甚至人们如何进入。新法规对每个区域内所允许的不同活动类型也进行了更为严格的规定。与所有开发条例一样，对于已存在于某一场地上的开发项目，该法规只能通过让它们用尽部分或全部的建筑面积指标来间接施加影响，而不能直接干预。

新区划背后的一些理念源自成立于20世纪20年代的国际现代建筑协会（Congrès internationaux d’architecture moderne，CIAM）提出的概念。CIAM的目标是用一种完全不同的开放方式来取代现有城市：建造被开放空间环绕的塔楼或长条形板楼，工作、生活、购物和娱乐都被散布于不同的区域。制定纽约区划法的技术人员并非设计师。他们试图跟上时代的步伐，却没有意识到他们提出的新公式会带来多大的破坏性。

新法规生效后，我们开始审查提交给规划委员会审批的拟建建筑设计方案。我们立刻意识到，其中许多方案都标志着城市发展的巨大倒退。例如，在新的建筑面积规定下，现有建筑被拆除，仅仅因为开发商认为拆除这些建筑后重新开发能带来更大的价值；新的户外空间被设置在实际上人们并不需要的地方；许多场合的重要的混合性活动因不再被允许而逐渐消失。

我们了解到，提交给规划委员会（the Planning Commission）的设计是为了满足城市自身的需求。如果开发商希望最大化利润，那么通常只有一种设计方案能够满足他们的目标。这座城市得到了它想要的。

那么应当如何改进这一强大的工具，城市才能要求建造它真正想要和需要的建筑呢？

新法规经过了多年的讨论和修订才刚刚获得批准，废除它是不可能的。规划委员会顾问诺曼·马库斯建议，与其废除它，不如在我们特别关注的区域周围划定边界，并对区划内已经存在的开发项目增加更多的规定。尽管无法取消对广场建设容积率的奖励，但我们可以通过增加奖励措施，以支持特别区划地区（special zoning districts）中的其他目标。

在特别区划地区中，土地归属于多个不同的业主，单体建筑的设计和建造将按照难以预测的顺序进行，一些地块可能根本不会被开发利用。一个设计可能需要几个经济周期才能成形，建造完成甚至需要更长的时间。因此，在地区法规中应当融入具备足够灵活性的设计理念，以应对此类突发事件；但又必须是足够清晰明确的，以避免随着管理层和市场环境的变化而迷失方向。

我们划定了首个特别区划地区，旨在保护纽约市独一无二的合法剧院集聚区。这些剧院正面临被新规允许的开发行为所带来的直接威胁。根据诺曼·马库斯的建议，在市中心剧院区进行重新开发时，我们采取了增加新剧院的激励措施，并被规划委员会采纳为“剧院特别区划地区”。不久后，城市地标保护委员会（the City’s Landmark Preservation Commission）又将现有剧院纳入了历史街区的范畴，进一步完善了该特别区划地区的规划。这一组合成功地打造出了一个国家级甚至国际级的旅游目的地。而另一个特别区划地区的颁布，则是为了维护纽约市中心中城区第五大道（Fifth Avenue）作为独特的专业零售场所的地位。

林肯广场：一个完全实施的特别区划地区

我们还发现，特别区划地区可以作为实现特定城市设计概念的一种方式，尤其是对于一个可能完全改变的区域——这是一种无需设计单体建筑就能设计整个城市的方式。[1]林肯广场特别区划地区是首个此类区域，它已经完全建成，可以被视为在不控制单体建筑风格的情况下建立一个长期实施的城市设计的范例。

人们期望林肯表演艺术中心（Lincoln Center for the Performing Arts）的建设能够为其周边创造新的发展机遇，规划委员会已经收到了一些提案。这些提案涉及整个片区的改造，但缺少将私人开发项目与表演艺术综合体联系起来的设计理念。歌剧院、音乐厅和舞剧院都围绕着由曼哈顿东西街道所形成的矩形区域采取了经典的对称轴线设计。中央广场通向百老汇大街（Broadway），这条街的历史可以追溯至17世纪，在曼哈顿常规的网格系统中切割出一条对角线。

我们介入的直接原因是一座拟建的住宅塔楼，它位于林肯中心的中轴线上，恰好横跨百老汇大街。我们制作了一个林肯中心区域的纸板模型，包括拟建的新建筑，并召集整个城市设计小组共商应对之策。通过观察模型可以看到，沿百老汇大街紧贴人行道边缘建造的各种现状建筑是多么重要。这是传统的方式，也是依据旧版区划建造的最有利的方式。百老汇大街的对角线衬托出林肯中心的轴对称。林肯中心遵循的是曼哈顿的矩形街道网格，而非百老汇大街的对角线。

保留百老汇大街的对角线街道空间，可以在建造新建筑时实现连贯性。然而，根据最新规定，区划鼓励建设广场，因此百老汇大街沿线可能会出现新的广场，进而可能会将连贯的街景变成一堆互不相关的开放空间。我们突然想到在特别区划地区的提议中加入一条“建至线”（build-to line）。退让线（setback line）规定已经成为一个熟悉的区划概念。建至线的要求则相反——所有建筑都必须到达这条线。在这个例子中，建至线是在沿百老汇大街的场地边界划定的。当开发商选择在项目中建设广场时，其选址必须在场地的其他区域，不能直接沿街设置。与此同时，我们也不希望高楼大厦直接从百老汇大街的正面拔地而起。因此，把沿着建至线那部分建筑的高度限制在85英尺（约26米），这是新区划中的基础建筑高度。在85英尺（约26米）以上，我们引入了一条退让线，以区分新建筑的塔楼部分。与统一的基础建筑高度要求不同，这些塔楼的高度可能各不相同。

新的区划条例还纳入了鼓励在临街立面建造拱廊的规定。我们决定要求拱廊与建至线处在同一位置，并增加更具体的尺寸要求，以指明符合这片特殊地区要求的拱廊形式。我们希望拱廊沿线的店面能为林肯中心提供有力支持，因此修改了被允许的底层用途类型，将酒吧和餐馆纳入其中，并排除了银行以及房地产、保险代理等临街办公业态。

在设计会议上，资深城市设计师劳伦·奥蒂斯（Lauren Otis）拿起第一个拟建建筑模型的塔楼部分，并旋转了一个角度，让它与百老汇大街的几何图形反向相对，以确保林肯中心轴线上的建筑成为这片特殊地区设计构图的核心。我不确定我们是否有资格提出这样的要求，但开发商喜欢这个想法并且执行了它。

这些设计要求并没有影响到开发潜在的经济状况，所以这个特殊地区没有引起任何争议。它由规划委员会通过，并得到了评估委员会的审批，然后城市立法机构也对这些举措进行了核准。尽管后来纽约市将拱廊改为可选项，但该法令仍然有效。最初的特别区划地区地图如图3.1所示，现行条例中的地图如图3.2所示。

现在，区划地区已经全部实施完成，并为整个城区打造了一个连贯的肌理（图3.3）。建成的拱廊大多被用作路边咖啡馆的座位，这是我们没有想到的，但也不失为一个很好的利用方式。图3.4所示为在新冠疫情的影响下，百老汇大街的路边咖啡馆部分被封闭成了“街头餐厅”（streateries）。

建至线是一项重要的创新，在随后的许多特殊地区得到了广泛应用，并成为炮台公园城（Battery Park City）开发项目的关键。这个项目是由城市设计小组成员亚历山大·库珀（Alexander Cooper）和斯坦顿·埃克斯图特（Stanton Eckstut）设计的。因为炮台公园城当局拥有这块土地，所以这里对于建至线、退让线立面的要求，甚至包括对建筑材料的要求，可以比林肯广场特别区划地区所采用的要求更进一步，已经超越了单纯的区划要求。开发商购买土地时也同时购得了这些设计导则。此后若有人提出抗议，当局会告诉他们，如果他们不愿意遵守协议，土地会被转售给其他开发商。

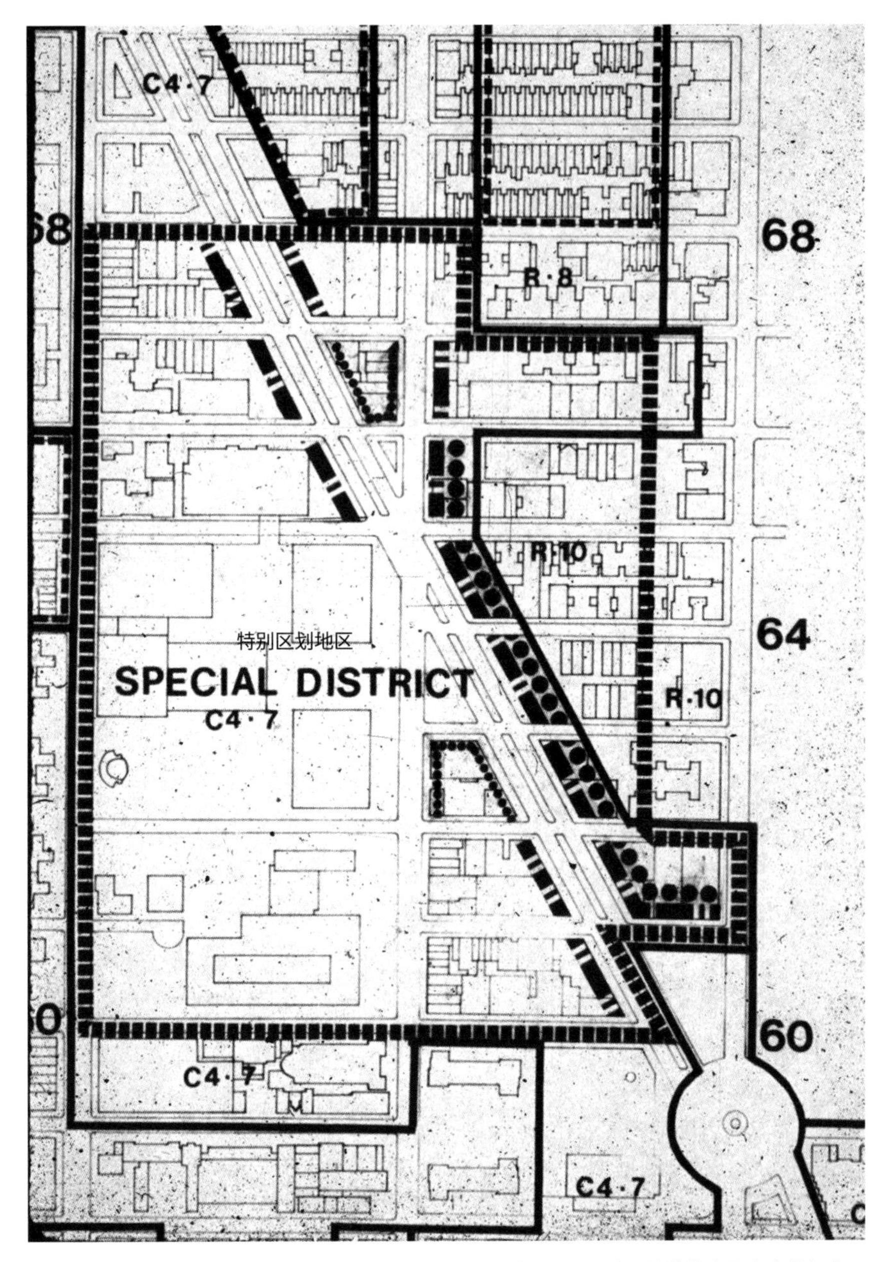

图3.1 在林肯广场特别区划地区的原始区划图中，点划线表示建至线，连续的大圆点虚线标出了需要有拱廊的位置，小圆点虚线则界定了由于场地形状不规则而受特殊规则限制的街区；根据文本要求，当建筑物在建至线的部分超过85英尺（约26米）时，必须进行退让

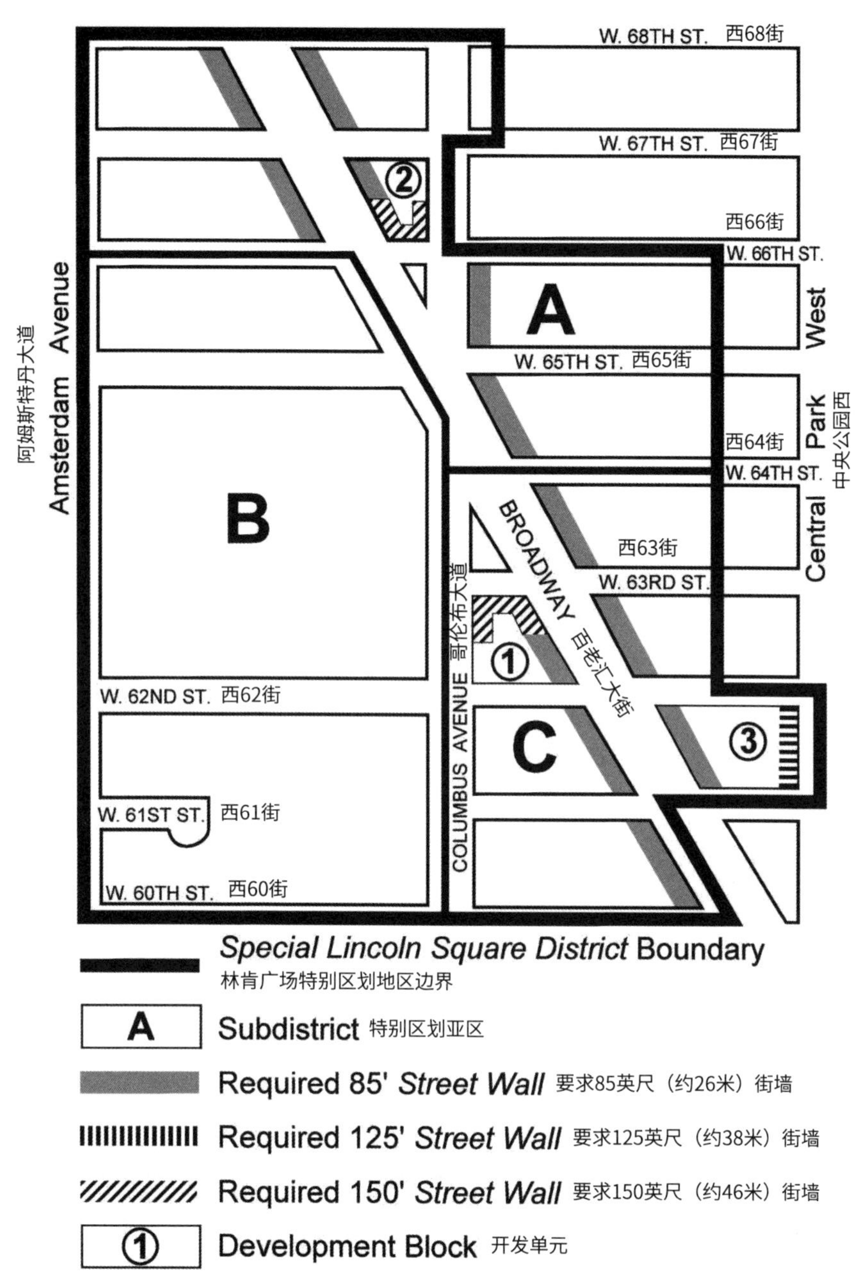

图3.2 这是纽约市区划决议中林肯广场特殊地区的地图；在产权线上的建筑被称为街墙，街墙高出路面85英尺（约26米）时需要作退让；此外，还有其他关于街墙的要求：中央公园西侧临街的街墙应高出街面125英尺（约38米），百老汇大街沿线两个焦点位置之一的小三角地块的街墙应高出街面125英尺，另一个则为150英尺（约46米）；拱廊的要求已被取消

图3.3 这张鸟瞰图展示了建筑师和开发商在沿着百老汇大街东侧盖楼时，以不同的方式遵循了85英尺（约26米）建至线（街墙）的要求；林肯中心位于图片的左上角

产权交易中的设计导则

即使在房地产市场不如纽约市景气的地方，通过房地产交易来实现设计要求也是可行的，尽管可能无法达到炮台公园城那样精细的水平。20世纪70年代末，我开始担任匹兹堡城市重建局（Urban Redevelopment Authority in Pittsburgh）的顾问。当时市中心的大部

图3.4 这张照片展示了街面上连贯街墙的样子，拱廊成为人行道咖啡馆的所在地；自从新冠疫情以来，有些咖啡馆被围起来变成了“街头餐厅”；如果没有区划要求，沿街空间会像上一张照片中的塔楼一样形形色色

分重建项目仍然依赖政府征收土地。重建局可以制定设计导则，并将其作为合同的一部分随地产转让给新业主。我的首个任务之一就是起草匹兹堡平板玻璃（Pittsburgh Plate Glass，PPG）工业公司总部的设计导则。PPG已经在其他城市进行了新公司总部的选址工作，并与城市重建局达成协议，获得了市中心以小型商业建筑为主的5.5英亩（约2.2公顷）的土地。这块地位于匹兹堡第二次世界大

战后建设的首个建筑群——盖特威中心（Gateway Center）办公楼的东侧。由于认定这些土地存在衰败现象，所以重建局允许它们收购这些土地，而PPG则需支付收购资金。根据重建法的规定，衰败地区可能包括一些仍然具有活力的单体建筑，因此其中一些收购会引发争议。一家五金店老板在自己店前挂了一个巨大的标牌，上面写着："衰败意味着有人想要你的房子"。这些市中心商业地产的所有者有能力聘请律师，并获得可观的补偿安置金，而PPG公司必须支付这笔补偿费用。

在PPG收购的5.5英亩（约2.2公顷）土地中，一座典型的办公大楼所需占用的面积不会超过1英亩（约0.4公顷）。因此，我在导则里加入了相关措辞，要求所有被PPG建筑占用的土地必须符合城市环境标准。这意味着，在二期建设确定之前，不会有空地作为停车场来使用，也不会出现郊区式的草坪和植物占尽其余的土地。

经过全美国范围的考察，PPG选择了菲利普·约翰逊（Philip Johnson）和约翰·伯吉（John Burgee）作为他们的建筑师。他们二位那时刚刚完成了纽约AT & T大厦（现麦迪逊大道550号）的设计。约翰逊在这座大厦中回归了类似早期办公楼所使用的砖石幕墙的设计，而在此之前，轻质得多的玻璃幕墙已经取代了砖石幕墙。他曾公开表示，"玻璃建筑已死"。

然而，约翰逊目前面临的挑战却是设计一座玻璃公司总部，而这座玻璃建筑后来被证明是有生命的。他以晶莹剔透的方式重新诠释了19世纪哥特式复兴风格的建筑，并找到了使用整个5.5英亩（约2.2公顷）土地的方法；同时，在规模和土地使用方面遵循了设计导则。为了充分利用这块土地，他成功地说服了PPG在塔楼前新建一个被低矮的建筑物围合起来的专属于他们自己的城市广场。他为面向邻近市场广场（Market Square）的建筑部分设计了底层零售门面，这也符合另一项导则的要求。停车场位于广场与塔楼的对面，因此人们在前往办公室的途中会穿过开放空间（同时提供地下通道）。此外，他还在塔楼西侧置入了一个封闭的冬季花园（图3.5、图3.6）。

长期以来，PPG沿着市场广场的店铺租户并不倾向于使用市场广场的入口，因为他们同样可以经由建筑物内部的入口进入。这些商店是专为公司员工开设的高级精品店，店主不愿同时管理两个入

图3.5 从谷歌地图拍摄的匹兹堡市中心鸟瞰图中，可以看到PPG的办公园区；前景中的市场广场经过市政府的改造，已成为酒吧和餐厅的聚集地；克拉文设计事务所（Klavon Design Associates）对广场进行了简单而有效的重新设计；它们一直希望位于市场广场右上方、属于PPG的低矮建筑与市场广场保持一致的规模，并通过在底层开设餐厅来强化这一关系；在照片中央、主办公楼前是PPG自己的广场，名为PPG广场，它完全被由建筑师菲利普·约翰逊和约翰·伯吉设计的整齐划一的玻璃立面所环绕

图3.6 从第三大道街面看到的PPG广场，它被约翰逊/伯吉建筑事务所（Johnson Burgee Architects）设计的玻璃幕墙环绕着；在天气晴朗的时候，你可以去附近的餐馆买午餐，并在户外遮阳伞下享用；办公楼的主入口位于左侧

口，并且希望避免让广场上的闲逛者进入店铺，所以他们一直锁着门。不仅如此，商店靠市场广场一侧还被用作仓库。当你路过时，会看到箱子堆放在被锁住的玻璃门前。市政府曾多次尝试振兴市场广场，但在交通工程师批准关闭穿过广场中央的福布斯大道（Forbes Avenue）之前，一切都行不通。最终，大约在25年后，福布斯大道被关闭，广场被重新改造成了简单而有效的设计，成为这座城市一直想要的美食和餐厅的所在地。现在，PPG的临街建筑有了餐厅。在门面敞开之际，建筑群的一侧也融入了市场广场的生活。

PPG总部实现了公共政策目标，但市政府是否应该提出更高的要求？与其努力将项目扩展到整个场地，PPG是否可以建造一个混合用途的项目，比如包括一些住宅建筑？我们确实讨论过这种可能性，包括要求PPG聘请具有市中心商业开发设计经验的建筑师等。PPG肯定想要一个完全企业化的环境，同时市政府也不认为他们有足够的能力去要求一项具有失败风险的开发计划。

设计审查

每栋建筑在开工前都必须得到当地政府建筑部门的许可，但人们并不希望建筑部门自行作出主观论断。他们可以审查拟建建筑是否符合特定的标准，比如与毗邻建筑的距离。然而，关于拟议的土地细分规划是否符合法律要求，或新建筑是否符合历史街区的限制等问题，则应在合同文件准备交由建筑部门审查之前，先交给具备良好评估能力的机构。

规划部门的场地规划审查

规划机构有权审查和批准住宅小区项目、规划单元综合开发项目或传统社区开发项目的场地规划，以确保设计符合法令的规定。此外，场地规划审查也适用于比独立地块更为复杂的其他情况。

在20世纪80年代的匹兹堡，随着人们对市中心的发展前景越来越有信心，在人们进行开发时，并没有要求市政府帮助处理地产整合。根据匹兹堡的区划法规，除小型住宅楼外，城市规划部门几乎拥有审查所有开发项目场地规划的权力。规划总监罗伯特·勒考特（Robert Lurcott）更倾向于使用“项目开发规划审查”（Project Development Plan Review）这一术语，以强调其涵盖了3个层面，而非仅限于规划图所呈现的内容。时任规划局副局长的保罗·法默（Paul Farmer）坚决主张利用城市场地规划审查权来维护新开发项目的公共利益。作为规划部门的顾问，我建议他们在开发商联系市政府拟申请区划审批时发布设计导则，这样每个人都能了解城市设计的重点是什么。我与规划部门的工作人员弗雷德·斯威斯（Fred Swiss）和马克·布内尔（Mark Bunnell）合作编写了这些导则。规划部门优先考虑的事项得到了更具总体性的市中心发展战略以及街道设计标准的支持，后者也包括人行道的议题。如同其他许多城市一样，匹兹堡的人行道由业主负责。此外，我还与弗雷德和马克共同撰写了这两份导则的文件。

导则中纳入了许多与提升城市步行环境相关的规划和区划政策。货物装卸应在每栋建筑内可以关闭的门后进行；卡车不应伸出开放式的装卸区，从而造成人行道和部分街道的阻塞；装满垃圾的垃圾桶不应被摆放在人行道上；装卸货物和停车的出入口位置不应对零售店面造成影响；为建筑物提供电力服务的地下变压器室不得侵占整个人行道空间。此外，人行道本身也需要符合城市街道和人行道标准，不能再使用价格低廉、在炎热的天气里会变得黏糊糊的沥青材料铺设。审查工作有时会遇到些人们无法预料的问题，比如我发现位于市中心的一家酒店将厨房排气扇正对着人行道，且排放的油烟恰好位于人眼的高度。酒店建筑师们习惯于为周围都是停车场的郊区场地做设计，并没有仔细考虑这个问题，事后他们又提出了一个可以接受的替代方案。

历史街区的设计审查

南卡罗来纳州（South Carolina）的查尔斯顿市（Charleston）拥有最早也是范围最广的历史街区之一。在老城区和历史街区内进行拆除、修缮和新建工程时，必须先得到建筑审查委员会的批准，这使得市政府拥有了很大的控制权。开发商不得整合地产、拆除建筑，然后再来申请新的开发许可。如果开发商计划在历史街区内新建或翻新建筑物，他们需要与查尔斯顿市政府商讨他们的规划，并与工作人员合作。对于重要项目，还需要与市长合作，以编制一份符合建筑审查委员会要求的提案。在我担任查尔斯顿市政府的顾问时，需要在这些前期工作中提出意见和建议。

有时，如果我之前与某个项目有过交集，就会受邀参加建筑审查委员会的会议。对于历史街区而言，什么样的做法才算适宜呢？查尔斯顿老城区和历史街区独具特色，因为它包括了整个城市的中心地带。通常情况下，历史街区的规模要小得多，并且在特定的历史时期会形成独特的设计风格。在查尔斯顿，委员会需要决定新建会议中心酒店或办公楼是否适宜，这些建筑物相较于那些塑造了街区历史特征的建筑来说规模更大。我认为，在如此复杂的情境下，最好是在建筑师开始设计之前就明确提出审查标准，就像匹兹堡所做的那样。然而，委员会肯定不赞同这种做法。在我担任顾问很久之后，在乔·莱利（Joe Riley）市长的最后一个任期内，他聘请了杜安伊和普拉特–兹伊贝克事务所的安德烈斯·杜安伊和玛丽娜·库里（Marina Khoury）来制定设计审查标准。那时，建筑审查委员会的职权范围已经向北扩展到了查尔斯顿半岛，包括了许多以新建建筑提案为主的地区。

设计审查委员会

密苏里州怀尔德伍德市的建筑审查委员会（见第7章）和内布拉斯加利福尼亚州（Nebraska）奥马哈市的城市设计审查委员会

（见第9章）都致力于对规划部门提交的项目，以及由市政府兴建或在政府权属的土地上兴建的建筑进行审查。虽然他们只是为规划部门的决策提供咨询建议，但这些建议可能比仅由规划部门的设计师进行的审查更具权威性。设计审查委员会成员可以与开发项目的专业设计人员进行非正式的合作，共同探讨设计方案。如果双方能够建立良好的工作关系，并且开发商认为这些建议是有意义的，那么就有可能采取超越规划部门要求的设计举措。

设计审查与特别区划地区的标准

当设计审查委员会或历史街区委员会审查新建筑时，如果能够根据已经采纳的标准进行评估，将有助于提高讨论的明晰度。这些标准可以以图文并茂的手册形式说明人们想要什么，正如本书第7章所描述的由怀尔德伍德市城镇中心编写的手册那样。还可以提供更具体的标准，就像第4章所描述的克利夫兰艺术委员会（Art Commission in Cleveland）所做的那样，即绘制一些熟悉的区划要求，并以此来界定预期内容。

在私人地产项目的设计中，有三类重要的公共利益与社区街道和公共空间相关。其一是建筑选址与街道和周边建筑之间的关系，包括高度限制、建至线和退让线等因素，如林肯广场项目；其二是街道层面的土地使用；其三是行人入口以及车库和装卸区的位置及其处理方式。

退让

在区划地区内，退让的做法十分常见，建筑从场地边线向内退让是为了使邻近场地获得充足的采光和通风。对于小型建筑而言，这些退让形成了前院、侧院和后院。而在那些允许贴近前、侧场地边界建造的大型建筑中，则通常会要求当其达到规定高度后，进行适当的退让。

限高

高度限制在开发法规中具有悠久的历史并被广泛采用。对于低密度住宅区来说，高度限制是一种典型的区划要求。限值通常是

35英尺（约11米），这样可以确保三层住宅楼和坡屋顶有足够的建造空间。但是该如何确定35英尺限高的起算点呢？从地平面起算是一种答案。但在一个倾斜的场地上，什么才算是地平面呢？高于建筑物的最低点？高于最高点？还是高于平均值？一般来说，答案通常是最高点和最低点的平均值。许多区划法规通过明确限制建筑层数来防止业主在地块上加盖楼层。

高度限制可作为一项审查标准，也可以被纳入区划规定，以确保新开发项目与官方指定的历史街区或现有建筑环境相协调。高度限制可以简单地适用于整个区域，也可以与退让要求结合起来使用，把建筑物底部的高度限制在规定的水平，但允许对退让范围内的部分进行更高的开发。林肯广场特别区是将建至线规定与建筑物下部高度限制和塔楼退让规定相结合的早期实例。

建至线

我们在林肯广场使用的建至线与退让线正好相反，它要求建筑物的正立面必须位于一条直线上，即案例中场地的前边线。有时为了避免对建筑设计进行不必要的严格控制，可以将建至线的要求设定为建筑立面的某个比例，通常不低于70%。在住宅开发中，将退让线和建至线结合起来，可以为前院打造出统一的深度。在商业街上，建至线可用来创造或保持零售商铺店面的连续性。在历史街区中，或是为了尊重现有建筑环境，可以将建至线设在场地前边线处或在历史开发项目的平均位置。

透明度要求

当考虑到空白墙可能成为开发项目的一部分时，审查标准可以是入口或窗户必须占墙体面积的特定比例。这一要求对于底层零售区尤为重要。同样，透明度也可以作为墙面面积的百分比写入区划要求中。但实现透明度的目标需要经过设计审查，不应由建筑部门单独决定。

服务设施的位置及其遮蔽措施

在繁忙的人行道上，没有人愿意面对堆满垃圾箱的露天垃圾回收服务区，或是一辆倒进服务区的卡车堵塞了人行道。因此，在区划文本中可以要求所有服务活动都在建筑红线内进行，并且需要避开公众的视线。此外，还应规范停车场和服务出入口（通常称为路缘切口）的位置。安德烈斯·杜安伊建议在市区将街道分为A型街道和B型街道。商店的店面可以定义A型街道，而服务设施和停车场则应位于B型街道的拐角处。

在低密度住宅区，每块单一权属的场地只能设置一个路缘切口，以确保人行道的畅通无阻。

符合历史风貌

可以要求新开发项目遵循所谓的历史建筑风格，以便与现有的历史街区风貌相协调。加利福尼亚州（California）的圣巴巴拉市（Santa Barbara）和马萨诸塞州（Massachusetts）的南塔克特岛（Nantucket）就是这样的例子，它们都编制了设计手册来规范新开发的项目。适宜性绝对是一个应该交由审查委员会而非建筑部门来决定的议题。[2]

街景设计

地方政府应该行使街道设计的权力，以确保街道不仅仅是出于工程考虑的默认结果。一本街景手册可以指导开发者选择适当的固定装置和材料，并规定所有物品在路权范围内的布置方式。街景要素包括街道、人行道和人行横道铺装、路缘石材料、排水集水池以及它们的尺寸；同时，还包括所谓街道设施的摆放——路灯、人行横道灯、人行道照明灯具、交通信息标志、停车信息标志、消防和报警器、报纸和其他货品的自动售货机，甚至还有垃圾桶和回收容器。人们通常不太注意他们在街上看到的所有东西的设计，它们被视其为一种噪声。然而，将所有这些元素作为设计方案的一部分组织起来，则可能带来完全不同的体验。

我和景观设计师詹姆斯·厄本（James Urban）合作，为弗吉尼亚州（Virginia）诺福克市（Norfolk）编写了一本街景手册。这本手册最不同寻常的地方就是它对行道树的处理方式。詹姆斯是城市环境中保持树木存活的专家。通常情况下，城市中的树木被局限于较小的种植床内，也就所谓的“树坑”。但无论形态如何不同，树根和树冠的大小都差不多。詹姆斯解释说：“可以把它们想象成餐盘上的酒杯。”如果树木冠幅的生长超过其根系所能承受的极限，它就会死亡，这就是在欧洲经常可以见到的修剪行道树冠（而且是大幅度修剪）这一传统背后的原因。詹姆斯提出的解决方案是在街道两旁连续的沟槽中种植树木，而不是把它们限制在单独的树坑中。此外，在铺设路面时使用掺有沙土的砖块或其他可以促进水分渗透到树木根部的材料，而非混凝土。还有一个需要解决的问题是在树根扎稳之前给予充足的灌溉，建议在初次种植时考虑采用某种滴灌系统（图3.7），除非单体建筑的业主能够做好树木的养护工作。

如今，除了常见的街景元素之外，地方政府还需考虑将自行车道纳入其中，并将街道空间作为管理雨水的绿色基础设施系统的一部分（图3.8）。此外，随着无人驾驶汽车开始成为交通模式的组成部分，可能还需要对街道和人行道的配置和尺寸进行调整。

除了在诺福克市的工作，我还帮助匹兹堡市规划局（Pittsburgh City Planning Department）制定了街景标准，并为纽约市交通管理局（New York City Transportation Administration）提供街景设计咨询。根据我的经验，制定街景标准的最大问题在于如何促使人们遵守这些规定。无论是地方政府，还是负责在分区内修建街道、人行道或在城市中建设人行道的私人投资者，在初次安装时都可以按照手册的要求将设计纳入施工图纸中。在施工开始之前，可以进行施工文件的审查，以确保其符合要求。然而，维修通常由现场工作人员来完成，他们往往不会参考手册。所以，手册中的规定必须成为日常工作流程的一部分，包括材料和设备的订购和安装。

实施策略

成熟的区划机制，如退让、限高和建至线，可以创造性地指导特别区划地区以及与历史街区重叠区域的开发。当政府机构或私人总开发商将土地出售给其他开发商或个人业主时，这些机制也可以作为地产协议的一部分。这些私下达成的协议可能会更加详细，甚至超过了区划管理要求。任何在此类地块上进行的开发都必须遵循作为地产协议一部分所购买的设计导则。

特别区划地区应要求规划局在颁发建筑许可证之前提供符合

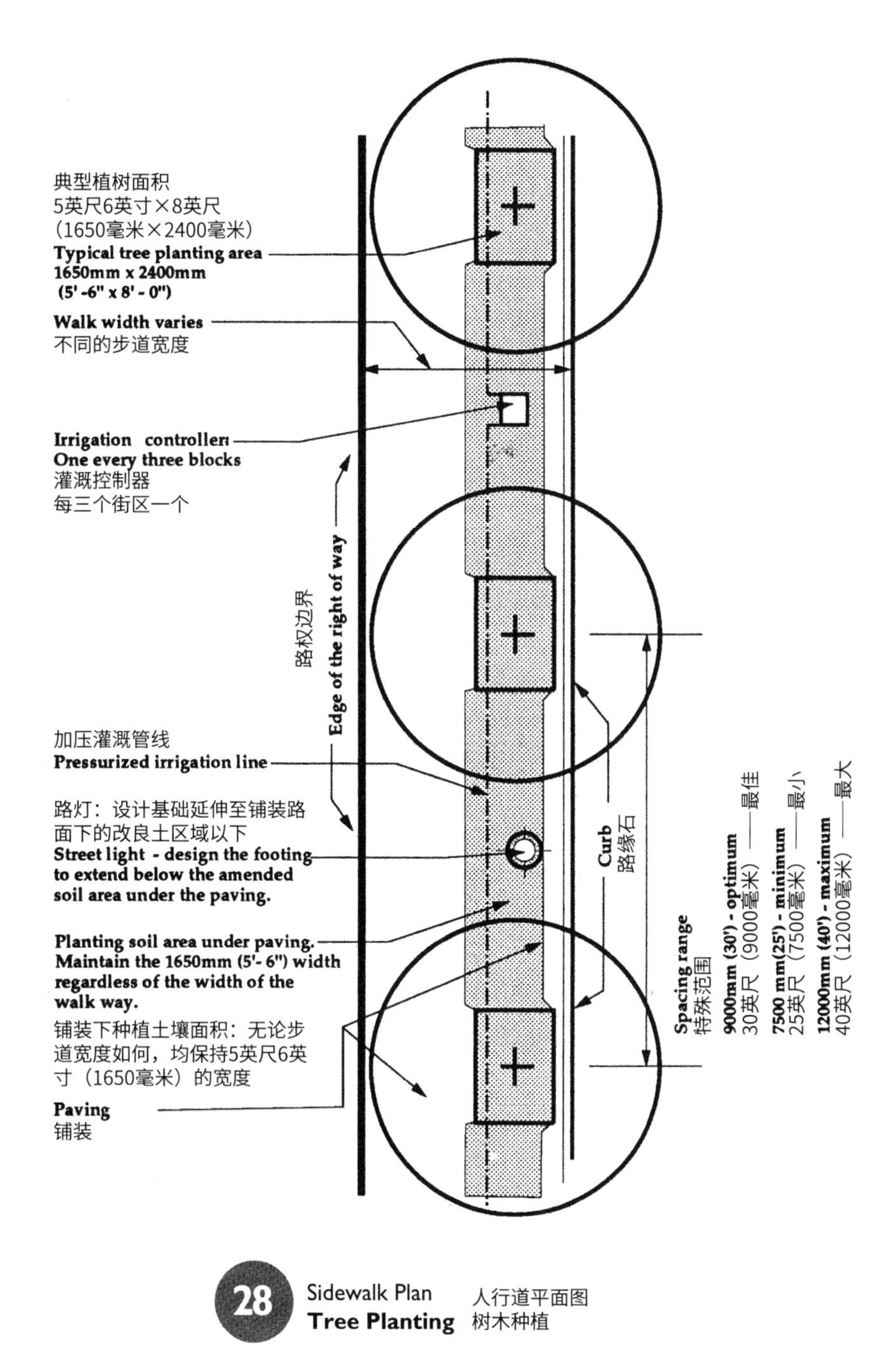

图3.7 在《弗吉尼亚州诺福克市市中心街景手册》（*City of Norfolk Virginia's Downtown Streetscape Handbook*）中有一页展示了景观设计师詹姆斯·厄本关于维持行道树存活的建议，他提倡将行道树种植在连续的沟槽中，并通过灌溉系统为其提供支持，以确保行道树能够扎根稳固

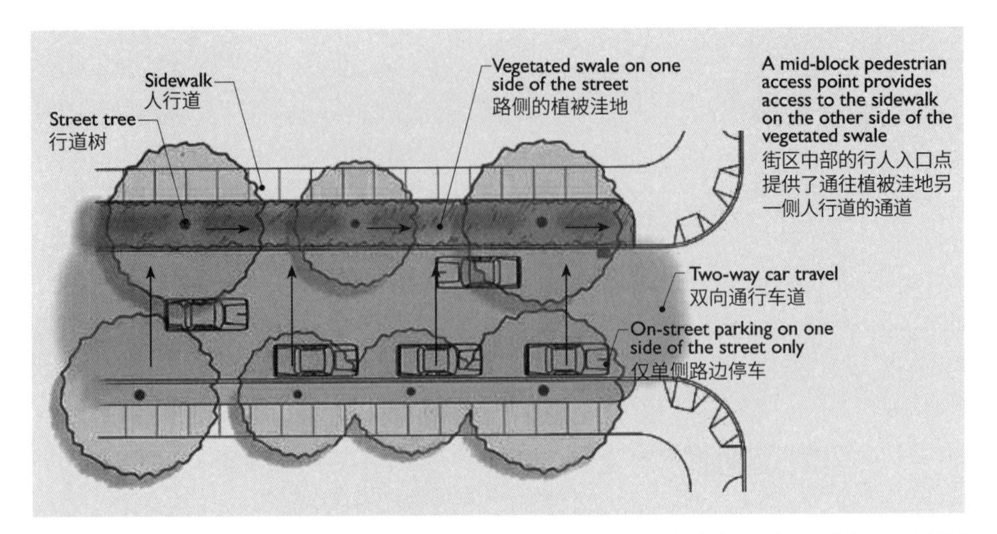

图3.8 由于气候的变化，暴雨变得更加频繁和剧烈，因此需要街道路权来帮助管理雨水；图中展示了在郊区街道一侧的植被洼地（有时被称为雨水花园）中种植的树木；这条街道的设计是为了将雨水引导到洼地里，在暴雨过后，雨水会滞留在那里，并最终渗入地下；此外，阻止刚落下的雨水立即流入排水沟和溪流还能降低洪水的风险；而雨水的灌溉将有助于树木的生长；在这个设计中，只有在街角和街区的中间才设置人行横道；这幅插图来自美国环境保护局（the U.S. Environmental Protection Administration）出版的一本雨水管理手册，这本手册由纽休 · 音安景观事务所（Nevue Ngan Associates）、艾森–勒图尼克交通与城市规划事务所（Eisen|Letunic）、范 · 米特（Van Meter）、威廉姆斯 · 波拉克律师事务所（Williams Pollack LLP）和ICF国际（ICF International）共同编写

规定的证明。对于历史街区，拟建的开发项目必须通过管理机构的批准。对于通过与公共机构达成土地购买协议获得的建筑导则，在颁发建筑许可证前，应先取得批准函。如果导则是私人交易的一部分，就像在许多新城市主义社区一样，则应由主开发商来执行协议。

规划单元综合开发项目和传统的街区开发项目，应获得规划局和地方立法机构的批准，而符合区划的土地细分规划仍然需要经过规划局的审查和批准。

如果我们能够在已经出版的标准和范例书籍中明确表达并持续维护各项要求，使其成为开发环境中被广泛理解和接受的一部分，对于城市设计理念的实施将是最为有效的，这是一个普遍原则。

一座设计良好的城市应有适用于所有新建设施并得到持续维护的街景设计标准。需要为绿色基础设施留出空间，容纳更多的自行车和其他个人交通工具（如滑板车），并适应无人驾驶汽车和送货车辆引入时的需求，这意味着实现连贯的街景设计将变得更加困难也更为重要。

【补充阅读建议】

大部分关于利用开发法规来实施城市设计的讨论都是由新城市主义大会（Congress for the New Urbanism）发起的。美国规划协会和新城市主义大会出版的《编纂新城市主义——如何改革市政土地开发法规》（*Codifying New Urbanism, How to Reform Municipal Land Development Regulations*）（第526号规划咨询服务报告）就是一份很好的介绍。该报告在很大程度上采用了"交错地带"（Transect Zones）的概念，这是一种在一定密度范围内依据选定的建筑类型，而非传统的土地使用类型，来重新制定区划的方法。将区划转换为交错类别会使现有区划下所有的建造活动都变得不符合规定，因此如果有人想要改变现有建筑，则可能面临巨大的行政问题。交错地带还基于体现新城市主义的建筑类型，而这往往与开发行业常规建造的建筑类型不同。

将设计纳入开发法规更为通用的做法是通过"基于形式的法规"（Form-Based Codes）来实现的。我在本书中描述的设计法规都是基于形式的。不过，很多人会使用"基于形式"的方法来描述交错类别。我个人的观点是，没有必要使用交错类别来将设计纳入开发法规之中，并且实际上，交错术语会成为采用设计要求的障碍。请参阅由林肯土地政策研究院于2017年出版，由乔纳森·巴奈特和布莱恩·布莱泽合著的《重塑开发法规》一书的第6章"为公共空间和建筑建立设计原则和标准"（第147、178页）。

【注　释】

[1] 我也在《作为公共政策的城市设计：改善城市的实践策略》一书中将这句话用作章节标题，该书描述了约翰·林赛担任市长期间城市设计师的工作，详见第1章。

[2] 关于设计要求及其法律依据的更详细讨论，参见我和布莱恩·布莱泽合著的《重塑开发法规》（马萨诸塞州剑桥市：林肯土地政策研究院，2017年）一书中的第6章"为公共建筑和空间建立设计原则"。

04

提升 公共开放空间

ENHANCING PUBLIC OPEN SPACES

公共开放空间可以成为重大事件的集会场所，也可以作为人们从都市生活的疯狂节奏中短暂逃离的避难所。它们不仅能够成为公众引以为傲的焦点，还能为周围的房地产创造价值。空间设计应该创造出人们渴望的环境；然而，有效的公共空间可能需要公共资金支持，这也是许多其他竞争性政府项目所需要的。通常，创造一个理想的公共空间需要制定一种策略，即将空间的设计和建造与其他公共或私人目标紧密结合。

纳什维尔公共广场

纳什维尔的公共广场是该市最原始的街道系统的一部分，由托马斯·莫罗伊（Thomas Molloy）于1784年设计。然而，在其漫长的历史中，该广场一直作为各种市政建筑的所在地，包括纳什维尔市政厅、监狱和市场，并不是一个真正的公共开放空间。现在的纳什维尔都会政府大楼（Nashville Metro Government City Hall）与戴维森县政府大楼（Davidson County Courthouse）合并成为一体，于1937年建成，位于当时公共广场的核心位置并占据了大部分土地。这座新古典主义建筑具有对称的美和现代艺术元素，由弗雷德里克·赫伦斯（Frederick Hirons）和埃蒙斯·伍尔文（Emmons Woolwine）合作设计。20世纪70年代，通过拆除整个街区中19世纪末和20世纪初的建筑，在这栋建筑前开辟了一片新的空间，其中许多建筑在今天都有资格获得历史街区的名号。由此形成的空间被称为公共广场，但实际上却被用作市政厅和法院工作人员的停车场。2002年，纳什维尔–戴维森县都会政府的比尔·珀塞尔（Bill Purcell）市长决定把这个停车场改造成一个真正意义上的公共广场。

华莱士·罗伯茨和托德公司（Wallace Roberts and Todd，WRT）彼时完成了纳什维尔都会公园系统的总体规划，他们被要求编制一份简短的可行性研究报告，说明如何将停车场改造成公共广场。我刚担任WRT公司的咨询负责人不久，这是他们让我参与的第一个项目。我与费城办事处负责景观设计的合伙人伊格纳西奥·邦斯特（Ignacio Bunster）合作编写了一份简短的报告，并附上了说明性的草图。我们描述了几种不同的设计方案，以此引导都会政府思考他们更喜欢什么样的空间。我在纳什维尔向一个由都会政府财务总监大卫·曼宁（David Manning）担任主席的委员会介绍了这些设计方案。

委员会很喜欢这些设计，但他们认为还需要很长时间才能作出决策。正如我在这次会议上了解到的那样，都会政府非常关心如何保留并增加更多停车位。他们打算先建造一个地下停车场，然后再着手设计和建造上面的公共空间。我向委员会详细地解释了为什么这种方法行不通。如果车库工程没有考虑在其顶部建造一个公共公园，那么无论后来增加什么样的公园或广场，它们的设计都必须由刚刚建成的车库的结构来支承。对于一个典型的停车库，其结构能否承载一个景观广场尚存在较大的不确定性；同时，车库结构，特别是屋顶，将决定其上部公共空间的呈现及使用方式。我强调过，在设计中应同时考虑公园和车库，如果存在潜在的结构冲突，在可能的情况下应优先考虑公共空间的设计。

大卫·曼宁之前既没有从公园部门也没有从负责修建车库的交通部门听说过这个问题。他让我作更详细的解释，我描述了土壤和铺装等均布荷载以及上面的人行荷载是如何通过横梁传递到支柱上的，而这两种结构构件在结构设计中都必须足以承载这些负荷。至于点荷载，比如树木，很可能需要额外的支撑结构或被置于车库结构之外。随后，曼宁围着桌子问每个人是否认同我的担忧，大家都表示赞同。

都会政府与WRT公司签订了一份设计公共广场的合同，同时与沃克停车咨询公司（Walker Parking Consultants）密切合作设计车库。车库和公园的设计阶段将同时完成并获得批准。伊格纳西奥将担任公园的景观设计师，但大卫·曼宁坚持让我继续参与。

车库无疑影响了公共空间的设计。车库的挖掘深度是有限的，否则水会从不远处的坎伯兰河（Cumberland River）渗入。为了容纳都会政府所需的上千辆汽车，车库的屋顶结构最终明显高于邻近的街道。停车库还需要设置通风井和通达地面的楼梯间出口。

在已完成的设计中，中心元素是位于法院大楼前的一个巨大的椭圆形草坪和露台，它们占据了车库屋顶的绝大部分空间（图4.1）。这些区域不仅适合举办各种活动，而且与法院大楼对称的建筑风格相得益彰。即使大量人群聚集在法院前举行音乐会，它们对车库结构的影响也比一个景观较多的公园空间要小得多。广

图4.1 从上往下俯看竣工的纳什维尔公共广场；市政厅/法院前的露台和椭圆形草坪的设计与其建筑风格相呼应，且对下方车库结构产生的负荷相对较小；在广场周边、停车库结构之外的范围，有足够的场地种植树木来勾勒空间；倒影池和中央主入口两侧是展示纳什维尔历史元素的花岗岩塔；公园的设计由WRT公司与霍金斯景观事务所和塔克–欣顿建筑事务所共同完成

场周围远离车库结构的地方种植了许多树木，并设计了宽敞的台阶，以实现街道与公园之间流畅的过渡（图4.2）。

设计团队包括纳什维尔的两家建筑公司，霍金斯景观事务所（Hawkins Partners）和塔克–欣顿建筑事务所（Tuck-Hinton）。他们与我们合作，将不受车库结构影响的公园南侧区域打造成了纳什维尔的露天历史博物馆。两个倒影池贯穿广场南端，由一条通往广场南入口的人行道隔开。倒影池南侧和人行道两侧是花岗岩塔，上面雕刻着历史事件的图案。椭圆形广场东侧的中轴线上还有一个观景平台。

停车库在法院北侧的罗宾逊大道（Robinson Boulevard）旁设有一个出入口，并在盖伊街（Gay Street）靠近坎伯兰河河畔公园下方的低层处设有第二个出入口。在公共广场内，人们几乎看不出

图4.2 地下车库将纳什维尔公园从周围街道的高度抬高，并通过精心设计的宽阔浅阶梯实现了空间过渡

它是建在停车库上面的。

我向纳什维尔市政设计中心（Nashville Civic Design Center）介绍了我们的公共广场设计方案，市长比尔·珀塞尔鼓励政府工作人员和顾问将该中心作为传播政策和项目观点的共鸣箱。这些会议具有某种责备的意味：在市政设计中心开会时，周围的人似乎都怀疑我们不怀好意。然而，他们并没有反对这个设计。事实上，WRT公司提出的广场设计方案与几年后发布的《纳什维尔规划》（*Plan of Nashville*）文件中的市政设计中心方案不谋而合。该文件遵循了传统城市设计的原则，并且强调了已经隐含于市中心街道地图中的轴线，并按照19世纪巴黎市中心的模式，将街区重新规划为多层庭院式建筑。虽然市政设计中心在他们的规划中包含了WRT公司所做的公共广场设计方案的图纸，但并没有提到这家公司。细心的读者可能会发现，图中有一行极小的字体注明公共广场是由霍金斯景观事务所设计的。它是我们的一个下属顾问公司，其负责人

曾是市政设计中心的创始人之一。

建成后的广场已被公认为纳什维尔的一处地标。它看起来就像是市政厅和法院最初设计的一部分，并且一直存在于那里。

密尔沃基河滨步道

罗伯特·贝克利（Robert Beckley）是威斯康星大学密尔沃基分校（University of Wisconsin，Milwaukee）的建筑学教授，他对密尔沃基市中心有一个设想：在密尔沃基河两岸设置人行步道，在某些方面类似于圣安东尼奥市（San Antonio）著名的河滨步道。多年前，密尔沃基的建筑师阿尔弗雷德·克拉斯（Alfred Clas）提出过类似建议，但他的提议是缩小河床，并在两岸修建街道和人行道。然而，贝克利发现，无需建设大规模公共工程项目，通过合理规划步道就可以将各处房产与邻里连接起来，有时还可以将步道悬挑在河面上。在1981年的春季学期，他通过自己所教授的设计课程，帮助密尔沃基市民将这一理念形象化了，并邀请我作为埃施韦勒客座教授（Eschweiler Visiting Professor）提供城市设计指导。

罗伯特将设计课程组织得如同一个专业咨询项目，学生们共同制定整体概念规划，并为规划中的各个节点编制详细的设计方案。这种全员参与的设计课程，在人力资源上取得了显著进步，超越了大多数咨询研究团队的配置水平。然而，学生们并没有得到任何报酬。相反，他们还在为获得一种能够帮助他们成为设计师的体验而支付学费。

学生们对自己的设计有最终决定权，他们的老师不能像指导员工那样告诉他们该怎么做。在对设计课的定期访问中，我与学生们共同绘制了描述可能情景的总体地图，并与个别学生一起，向他们展示在城市设计方案中建筑学所需考虑的重要因素。我告诉他们，虽然不必展示经济上可行的项目方案，但他们应该能够给出一个看似合理且可行的项目实施计划。我认为学生们的表现十分出色。他们共同绘制的地图，即主要的城市设计文件，清晰地展示了沿河步道将如何为既有建筑和新建筑开辟第二临街面，这将同时为建筑业主和城市带来实际的经济效益。学生们设计的大多数建筑都说明了这两个街面是如何运作的，并为河滨步道的建设提供了充分的论据。

罗伯特把学生们的期末报告安排得像一项咨询研究的结题。他邀请了一些市政官员、社区领袖和媒体参加；甚至还准备了一份新闻资料袋，对计划进行总结，并附以项目照片。第二天，《密尔沃基哨兵报》（*Milwaukee Sentinel*）报道了此事，尽管标题是“公寓桥计划揭晓”。这位记者提到了一个更博人眼球却不太可信的学生方案，其中一座横跨密尔沃基河的桥梁被重新设计成了公寓。

1977年，一家名为西图CH2M HILL[1]的大型工程公司被聘请来解决密尔沃基河的清理问题，他们的工作已接近尾声，其中包括打开上游一座限制河水流动的水坝的闸门。他们开始意识到河滨步道的概念，并认为这可能是展示清洁河流会对城市造成积极影响的良好方式。他们找到了资金来支持罗伯特・贝克利和他的建筑合伙人雪瑞尔・迈尔斯（Sherrill Myers）为密尔沃基河市中心制定城市设计计划。该计划包括河两岸的人行步道、面向河水的餐厅和公寓以及街道尽头与河岸相接的公共通道。

商业领导团体大密尔沃基委员会（Greater Milwaukee Committee）将这个城市设计计划确定为年度最佳项目。市长亨利・迈尔（Henry Maier）看了图纸后，决定将河滨步道计划纳入城市总体规划。随后，城市开发部门进一步细化了这项计划，并将其纳入“河畔链接”（Riverlink）项目，其中包括河上出租车和策划中的活动。

1988年，接任市长约翰・诺奎斯特（John Norquist）宣布了一项“河滨步道计划”（Riverwalk Initiative），基于该计划后来成立了密尔沃基河滨区。计划中包括一项资金资助机制，即由市政府为私人土地上修建的河滨步道支付部分建设费用：步道建设费用的70%，每英尺高达2000美元；码头岸壁费用的50%，每英尺高达800美元。[2] 20世纪90年代初，一位开发商在设计一栋河边新楼时，将河岸打通并修建了一条人行步道。其他建筑业主看到了滨河第二临街面的好处，并在得到市政府的部分补贴后，也开始改造他们的房屋。到1998年，现在所谓河滨步道的第一批8个街区已基本完工。

如今，密尔沃基河滨步道有三个连续的部分，总长达3英里（约4.8公里）。有时，它只是一条狭窄的人行道，但经常会通向露台和餐厅（图4.3）。在许多街道与河滨交会的地方，都特别设计了延伸到水中的景观眺望台。在市中心的上游地区，河边的新建公寓甚

图4.3 沿着密尔沃基河畔慢步的一个愉快的夜晚；步道由各建筑业主出资建设，同时得到了市政府的建设补贴，它的建设创造了极具商业价值的临街店面

图4.4 密尔沃基河滨步道与市区的人行道系统紧密相连，与圣安东尼奥著名的河滨步道位于街面的下一层不同；有时，密尔沃基的步道只是一个狭窄的连接，但它往往会扩大成露台

至还配备了船坞。

1985年，罗伯特·贝克利离开密尔沃基，成为密歇根大学（University of Michigan）建筑学院的院长。然而，由他发起的这个大型城市设计项目却花了将近30年才得以实施。

在温暖的夏日里，密尔沃基市中心的河面上有船只往来穿梭，人们在露台上尽情享受美食。与街道相连的河滨步道是市中心交通系统的一部分，正如图4.4所示，这里已经成为可供出租的临街商业店面。

市政府的投资对步道的建设起到了重要作用，但是真正的推动力却来自于建筑业主。正如我们在1981年预料的那样，滨河的第二临街面已经成为非常有价值的金融资产了。

奥马哈中城区

2001年，我加入了HDR公司（一家大型国际建筑工程公司）组建的咨询团队，为内布拉斯加州奥马哈市的“目的地中城区”

图4.5 奥马哈互助保险公司总部办公大楼位于这张1997年拍摄的照片的左侧，两个街区的停车场将其与特纳公园间隔开，这些停车场大部分归互助保险公司所有；那时的公园基本上只是一片草坪和几丛树木；我们认为将停车场与公园结合起来将创造一个全新的发展机遇，可以成为整个奥马哈中城地区的核心

（Destination Midtown）城市设计计划作准备。HDR公司起家于奥马哈市，至今仍在那里设有管理办公室。另一家全国性公司奥马哈互助保险公司（Mutual of Omaha），在中城区也设有总部，那是一座顶部带有公司标志的高耸的办公大楼。此外，互助保险公司还控制着大楼周围的大片土地，并将其用作员工停车场。他们的停车场从大楼东侧一直延伸至特纳公园（Turner Park）的临街地界处，那时的特纳公园还只不过是一片植有树丛的绿色草坪（图4.5）。

单一所有权的大量土地一直以来都是城市设计和开发的潜在机遇。我们为可能的开发绘制了一些草图，并带着它们与互助保险公司进行了会谈。我们将特纳公园视为互助保险公司停车场上任何新项目的关键性元素，它不仅为新建筑提供设计的焦点，更为俯瞰城市中心区域创造了一个引人入胜的前景。我们建议重新设计一座公园，该公园由市政府和互助保险公司共同使用，宏伟的入口车道一部分位于公园内，一部分位于互助保险公司的地块内。并将车道打造成一个圆形，它将被新建筑所环绕，这些建筑可以穿过公园欣赏到市中心的天际线。尽管有些人对此表示怀疑，但互助保险公司还是决定在他们的土地上实施这个项目，并且一旦决定这样做，就勇敢地一次性开发了所有的项目。在由科普·林德建筑事务所（Cope Linder Architects）设计的名为"中城交汇地"（Midtown Crossing）的竣工项目中，我们的圆形车道方案变成了椭圆形，将扩大的特纳公园引入互助保险公司开发项目的中心。在那里，它被公寓楼所包围，底层有商店和餐馆（图4.6）。入口车道通向一个具有鲜明个性的大空间（图4.7），新的设计包括在特纳公园的南端修建一个舞台，在这张照片的远处可以隐约看到，它已成为一个举办重要活动的场所（图4.8）。

这个项目占地15英亩（约6公顷），总建筑面积达100万平方英尺（约9.3公顷），包括22万平方英尺（约2公顷）的零售空间、297套公寓、196套出租公寓、一家拥有132间客房的威斯汀元素酒店（Westin Element Hotel）、一家多厅影院和3000个停车位的车库空间；此外，还有全新的公共街景以及对特纳公园的全面重新设计和改造。

关于目的地中城区计划，不仅是处理一组房产的问题，还包括对街道进行重新调整设计，并提出了一条连接市中心和中城区的有轨电车线路，以及加强邻里商业区和增加大量经济适用房的建议。其中，大部分经济适用房将通过翻新现有房屋来实现。计划的每一个组成部分都需要制定专门的实施策略。有轨电车从市中心的河滨公园（Riverfront Park）经过中城交汇地到达中城区西端的内布拉斯加大学（University of Nebraska）医疗中心，直到现在它才成为一个实际的项目。

关于奥马哈互助保险公司的故事还有一个有趣的续集。在20年后的后新冠疫情时期，很多办公室员工每周都有一段时间在家工作。因此，该公司已经决定只需要现有办公面积的大约一半。考虑到中城区很多办公楼已经过时，互助保险公司与奥马哈市政府达成协议，将在市中心著名的中央图书馆旧址上开发一座全新的办公楼。尽管只有该公司现有办公面积的一半，这栋44层的新楼仍将成为迄今为止市中心最高的建筑物。其他协议内容还包括市政府将从互助保险公

图4.6 奥马哈互助保险公司开发的中城交汇地融入了扩大后的特纳公园，现已成为一处重要的活动场所；公园成为公寓楼的前景，居民可以穿过它欣赏到奥马哈市中心的天际线；建筑和开放空间由科普·林德建筑事务所设计

图4.7 进入中城交汇地的椭圆形入口车道，右侧是扩大后的特纳公园

图4.8　从特纳公园望向舞台，远处是奥马哈市中心的天际线

司手中接管特纳公园的维护工作，并购买3个停车场以满足中城交汇地的需求。至于剩余土地和办公楼，互助保险公司将考虑开发商提出的计划。作为目标中城区计划的一部分，计划中有轨电车的建成将提供连接奥马哈所有核心地带的高频次服务，这一举措被视为重新开发互助保险公司旧办公空间的关键可行性因素。

实施策略

这些项目都始于一个非常笼统的城市设计理念。在纳什维尔，人们期望城市有一个公共广场。这一概念由来已久，但实际的公共广场早已不复存在。在密尔沃基，将河岸变成公共设施的想法也已存在很长时间了，却从未采取任何实际行动。在奥马哈，我们知道目标中城区计划需要中城有一个辨识度较高的中心点，而特纳公园和互助保险公司停车场的结合正是实现这一目标的途径。

接下来的每一步都是通过可视化的方式呈现项目的可能性。在我们提交给纳什维尔都会政府的简短报告中，用草图展示了如何将法院前的停车场改造成一个富有吸引力的空间。威斯康星大学密尔沃基分校的设计课则演示了在河岸两侧修建公共步道的可能性。在我们与互助保险公司进行会谈时，通过展示草图提示他们其大型停车场所具有的房地产潜力。

每个项目还需要一个筹资机制，这样才能把构想变成现实。在纳什维尔，建造一个可容纳1000个车位的地下停车场，无论如何都需要一个屋顶，这使得建造公园所需的资金只占合并项目的一小部分。在密尔沃基，沿河第二临街面的开发具有房地产价值。市政府及时为步道和防波堤的建设提供了补贴，对于这个有赖于许多建筑业主参与的项目起到了助推的作用。在奥马哈，我们的提案也具有房地产价值，市政府愿意将特纳公园列为项目的一部分，使得这片土地更具市场价值。本书第9章将再次讨论互助保险公司的开发项目，它是奥马哈市民广场区（Omaha’s Civic Place Districts）的第一个范例。

【补充阅读建议】

关于如何设计能够吸引人们使用的公共空间，扬·盖尔（Jan Gehl）已经写过好几本很有影响力的书了。其中最新，也是最全面的一本，是2010年由Island出版社出版的《人性化的城市》（*Cities for People*）。盖尔批评设计师们只从空中俯瞰公共空间，而一个空间只有在人的视角高度体验时才有意义。他运用大量的照片和测量数据来阐述自己的观点。

由史蒂文·彼得森和芭芭拉·利滕伯格（Barbara Littenberg）合著的《空间与反空间》（*Space and Anti Space*）一书，由ORO Editions于2020年出版。这本理论著作以作者自己的设计为例进行说明，将成功的公共空间与他们所谓的反空间进行对比，后者通常是指在现代主义设计中街道和建筑设计完成之后所剩的开放区域。

《公共场所、城市空间：城市设计的维度》（*Public Places, Urban Spaces: the Dimensions of Urban Design*）是由马修·卡莫纳（Matthew Carmona）、史蒂夫·蒂斯代尔（Steve Tiesdell）、蒂姆·希斯（Tim Heath）和塔纳尔·奥克（Taner Oc）合著的一本综合性教科书，Routledge出版社于2010年出版了该书的第二版。

【注　释】

[1] CH2M的创始合伙人的姓氏分别以字母C、H、H和M开头。HILL是在一次合并后被添加到公司名称中的。从逻辑上讲，该公司本可以被称为CH3M。不管怎样，该公司已经与雅各布工程集团合并，不再具有独立的身份。

[2] 参见密尔沃基市城市发展部关于河滨步道的法规和资金资助政策：https://city.milwaukee.gov/DCD/ Projects/RiverWalk/Regulation–Funding-Policy.

05

保护原有的城市设计

PRESERVING EXISTING URBAN DESIGNS

具有重要历史价值或杰出设计的地标建筑应当被保护，现在已成为社会的普遍共识，并且这一原则已经扩展到对一组历史建筑或具有统一建筑风格的区域的保护。然而，保护原有的城市设计超出了通常定义的历史保护的目标，需要一种不同的保护方式来延续原始的城市组织概念，即使区域内的建筑类型已经发生了改变。

保护20世纪80年代和90年代的《克利夫兰建筑群规划》（*Cleveland Group Plan*）

1982年，克利夫兰市规划局局长亨特·莫里森（Hunter Morrison）邀请我审查了俄亥俄标准石油大厦（Sohio Building）的设计方案。当时，这座建筑计划在克利夫兰公共广场一处显要位置建造。克利夫兰市中心有许多新古典主义建筑，其历史可以追溯至19世纪初的“城市美化运动”，并一直持续到20世纪30年代，这些建筑形成了鲜明的城市设计特色。克利夫兰著名的改革派市长汤姆·约翰逊（Tom L. Johnson）曾委托三位以设计市政建筑而闻名的建筑师——丹尼尔·伯纳姆（Daniel Burnham）、约翰·卡雷尔（John Carrère）和阿诺德·布鲁纳（Arnold Brunner）——为克利夫兰设计市政中心。他们的方案于1903年完成，通常被称为《克利夫兰建筑群规划》。正如这张烟灰色的效果图（图5.1）所示，一条沿着南北轴线的公园大道起始于南端的双子建筑（法院和图书馆），向北一直延伸至位于伊利湖（Lake Erie）畔的火车站。虽然火车站从未建成，但按照规划，公园大道北端的高地上建造了另外两座几乎相同的新古典主义建筑——市政厅和县政府大楼，俯瞰着伊利湖。布置在公园大道东侧的克利夫兰公共礼堂（Cleveland Public Auditorium）和教育委员会（Board of Education）总部也是新古典主义风格。而位于图书馆和法院前侧广场上的战争纪念碑则清晰界定了公园空间的中心线。

我和亨特一起坐在他的办公室里，翻阅已接近完工的俄亥俄标准石油大厦的施工图纸。苏必利尔大道（Superior Avenue）和欧几里得大道（Euclid Avenue）在公共广场交会。在当时，欧几里得大道呈对角线走势接入并终止于公共广场，而苏必利尔大道则在市中心的网格体系内，穿过公共广场继续向前延伸。[1]俄亥俄标准石油大厦的建筑师是来自圣路易斯的赫尔穆特·小畑（Helmuth Obata）和卡萨鲍姆（Kassabaum），他们将两条大道交会的几何形

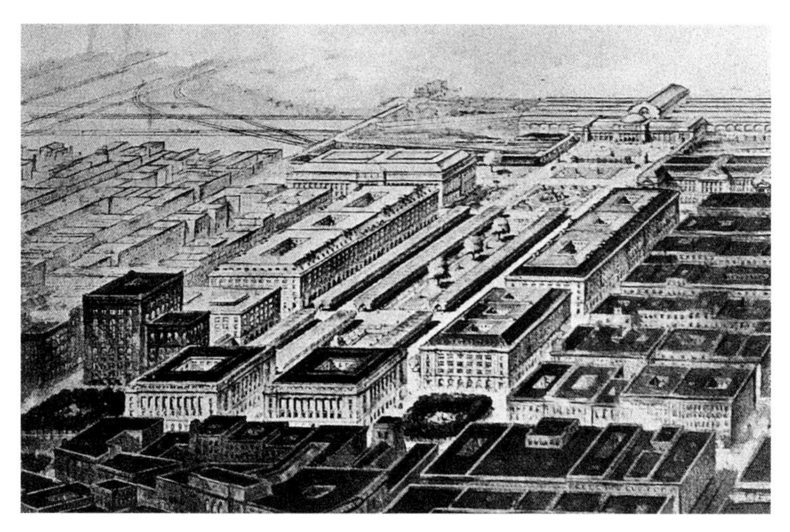

图5.1 1903年，由建筑师丹尼尔·伯纳姆、约翰·卡雷尔和阿诺德·布鲁纳设计的克利夫兰建筑群规划图，图中的建筑是该市的市政中心；这个规划的大部分内容直到20世纪30年代才得以实施，随着时代的变迁和新建筑规模的不断扩大，几代决策者一直致力于保护最初的城市设计

状作为设计关注的焦点。塔楼形体在中间折叠，由此一部分与欧几里得大道对齐，一部分与苏必利尔大道对齐。还有一座较低的建筑也采用了相同的几何形态，进而产生了面向公共广场的剩余开放空间。公共广场由4个大型公园街区组成，并不需要任何额外的开放空间。在拟建的俄亥俄标准石油大厦北面，是《克利夫兰建筑群规划》中南端的两座新古典主义建筑，它们界定了公园大道的中轴线。塔楼位于其场地的中央，但明显不在建筑群规划所确立的中心线上，尽管对称是克利夫兰建筑群的重要设计元素明确的组织原则。从北面透过图书馆和法院之间的空隙看塔楼，如果塔楼不在公园大道的对称轴上，就会显得很不协调。建筑师们并非有意将塔楼与建筑群规划的中心线对立起来，很明显，他们只是忽略了这一点。

我表示，为广场额外增加的开放空间是塔楼设计决策的产物，而且由于项目已经实施了很久，没有办法在不重新开始的情况下进行更改。不过，如果能调整塔楼后面停车楼的宽度，把整栋办公楼移过去，使塔楼面向苏必利尔大道一侧的立面与《克利夫兰建筑群规划》的轴线保持一致，也许还为时不晚。亨特拿起电话，当天下午就安排我们去见了市长。

图5.2 从公园大道南端的双子建筑视角可以看出，现在被称为“公共广场200号”的俄亥俄标准石油大厦的塔楼与公园大道的中轴线对齐，这与原始设计方案有所不同；在最初的设计中，塔楼会在照片中更靠右的位置，而公园大道轴线的终点将会是大厦的停车楼

我们在市政厅与市长乔治·沃伊诺维奇（George Voinovich）见了面，他的办公室套间非常气派，与之相比，纽约的市长办公室就像乡间小屋。亨特介绍了我，并解释我们一直在研究俄亥俄标准石油大厦的计划，认为有一些地方需要调整。

“你如果是我，会怎么做呢？”市长问道。

我回答说，我知道他出身于建筑师和工程师家庭，所以我所做的事情可能也是他认为重要的事情。然后，我解释了将塔楼与《克利夫兰建筑群规划》联系起来的问题。

俄亥俄标准石油大厦的合同文件已接近完成，因此很难提出任何修改意见，而且我知道这栋建筑对于城市的经济至关重要。然而，我认为有一种方法既可以解决问题，又不会危及项目。

俄亥俄标准石油大厦停车楼位于塔楼和隔壁的克利夫兰商场之间，与主楼的结构连接并不紧密。停车楼可能会被安排在建设过程的最后阶段实施，因此有时间对其进行重新设计。通过改变停车楼，可以移动整个设计的其余部分，使塔楼与克利夫兰最重要的城市设计构图保持一致，除地基平面外无需改变设计的任何基本部分。我画了一张看起来十分凌乱的草图来解释这个想法。沃伊诺维奇市长认为值得为了这一改变与俄亥俄标准石油公司进行商讨。在他的支持下，亨特得以就塔楼的迁移事宜进行谈判，尽管这并不容易（图5.2）。俄亥俄标准石油公司后来与英国石油的美国公司（BP America）合并，后者于1998年搬出大楼。现在，这座大楼被称为“公共广场200号”。

有了这次经历，亨特找到了防止类似情况再次发生的办法。他说服市政府扩大艺术委员会的管辖权限，将克利夫兰市中心大部分地区的开发项目也纳入其审批范围。随后，我和负责市中心规划的琳达·亨里克森（Linda Henrichsen）一起，绘制了一系列地图，并在其中使用了退让线、建至线、高度限制以及未来建筑显著位置布局等词汇。我们还确定了公共开放空间的位置，并在需要特别关注设计的景观节点后标注了星号。这些图表和相应的文本呈现了市政府认为重要的、先于任何开发提案的设计议题（图5.3）。[2]这些地图的各个版本采用了更为传统的图解式规划表达方式，并被纳入1989年出版的《克利夫兰市中心公民愿景规划》（*Cleveland Civic Vision Downtown Plan*）之中。

由西萨·佩里（Cesar Pelli）设计的社会储蓄银行（Society Bank Corporation）大厦是一座高层建筑，与俄亥俄标准石油大厦一样，远远高于《克利夫兰建筑群规划》中最初设计的任何建筑。它同时面向公共广场和公园大道，银行最初建于公共广场上的褐色石材建筑得到了翻新和保护，旁边公园大道沿线开发了一家新酒店。最初的银行大厦由丹尼尔·伯纳姆（Daniel Burnham）的合作人约翰·威尔伯恩·鲁特（John Wellborn Root）设计，于1890年开业。佩里设计的新银行大楼在底座的下半部分采用了与老建筑相同的色彩。新建筑立面的一部分向后退让，以配合相邻低矮建筑的水平线条。塔楼在垂直方向上也进行了调整，看起来会显得更加纤细，进而强化了其作为公共广场和公园大道之间枢纽的地位。[3]整座塔楼面向公园大道一侧向后退让，从而与对面的教育委员会总部大楼［现在的德鲁里广场酒店（Drury Plaza Hotel）］的退让相呼应。紧邻面向公园大道的塔楼一侧，万豪酒店的立面与早期公园大道的建筑相匹配，客房的塔楼位于街区的另一侧。最初的银行大楼经过了彻底的翻新，两个大堂被连为一体。该项目的停车场位于公园大道相邻街区的地下，属于城市的公共资产，这有助于城市设计在项目中发挥重要的作用。[4]社会储蓄银行公司和总部位于纽约州奥尔巴尼市（Albany）的科凯银行（Key Bank Corporation）于1994年合并成为科凯集团（Key Corporation）。他们在克利夫兰的大楼现在被称为科凯大厦（Key Tower）。

我观看过西萨·佩里向克利夫兰艺术委员会所作的演示，以解

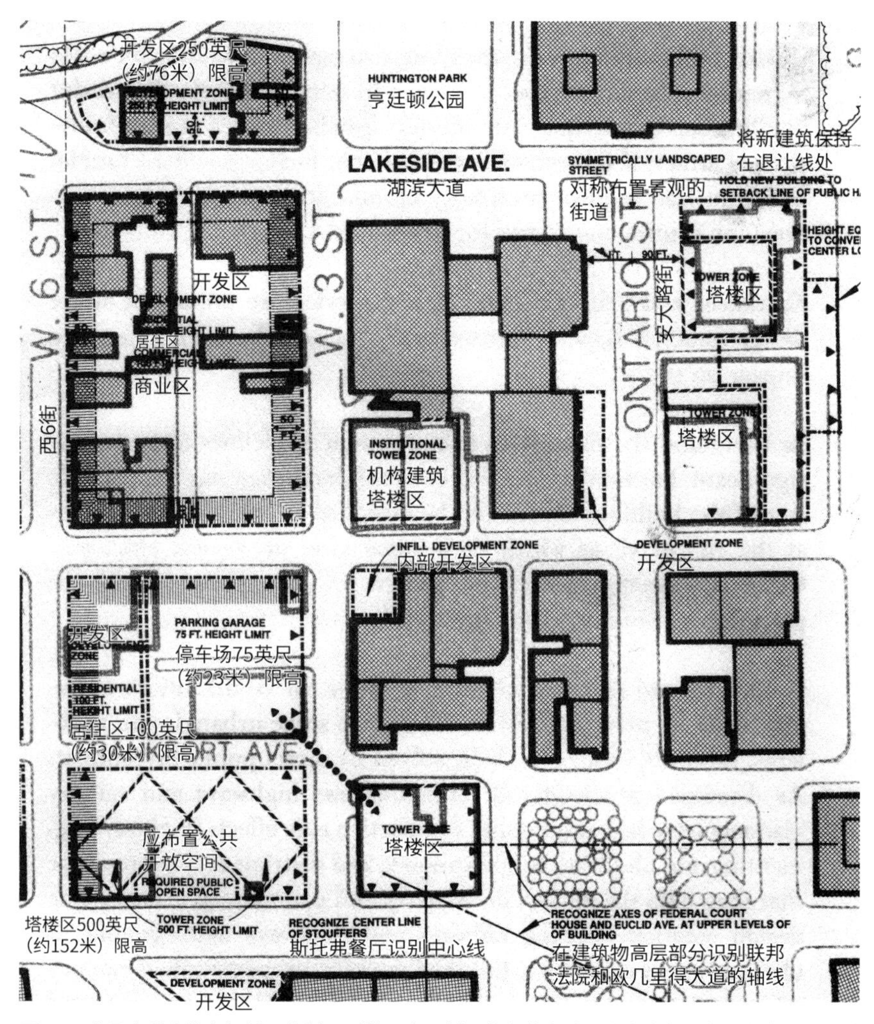

图5.3 这是克利夫兰市规划局编制导则的一个示例，作为艺术委员会审查克利夫兰市中心提案的参考标准；该导则使用了建至线、退让线、高度限制和建筑布局等词汇；左侧的街区有一条建至线和超过50英尺（约15米）的退让线，允许更大的建筑高度以便实现建筑面积的最大化；在这张图中公共广场的右上角，近期完工的科凯大厦显示为既有建筑

释他的建筑如何符合城市设计导则。佩里是一名非常出色的演讲者，我认为艺术委员会几乎会批准他所展示的任何东西。但佩里意识到了他设计的建筑与公共广场和《克利夫兰建筑群规划》所营造的语境存在关联性问题，并与艺术委员会进行了合作。最终的结果是，这座建筑比最初的建筑群规划效果图中的建筑要高得多，但它确实遵循了规划中的建筑布局，且比俄亥俄标准石油大厦更全面地

回应了它的设计语境。

克利夫兰公共图书馆（the Cleveland Public Library）的扩建，是艺术委员会根据规划部门制定的导则批准的另一座建筑。导则要求新建筑与原有的标志性建筑明确分开，因为新建筑是公园大道南端第三街的两栋近似于双子的建筑之一。导则还要求新建筑的设计必须同时考虑到图书馆和第六街正对面的新古典主义联邦储备大厦（Federal Reserve Building），应采用风貌协调的材料，并在建筑四周紧贴用地红线建造。建筑师马尔科姆·霍尔兹曼（Malcolm Holzman）是哈迪·霍尔兹曼·菲佛建筑事务所（Hardy Holzman Pfeiffer Associates）的设计师，他找到了一种既能遵循设计导则，又能设计出符合图书馆项目要求的现代建筑设计方法。该建筑于1998年竣工，是一座10层高的塔楼，平面呈椭圆形，表面材料是玻璃，但它也有4座6层高的石质附属部分，直接延伸至建筑四角的人行道。其效果就像一座玻璃建筑冲破了传统建筑的束缚（图5.4）。老图书馆和新扩建部分之间有一处景色优美的户外阅读花园，新老图书馆之间通过地下通道相连。从苏必利尔大道上看，新图书馆与早期建筑形成的街墙十分协调（图5.5）。这座建筑展示了设计导则如何在现有的城市语境与个体建筑的特定设计之间建立起富有成效的联系。

《克利夫兰建筑群规划》的保护现状

这张克利夫兰公园大道（图5.6）的近期航拍图，展现了西萨·佩里设计的科凯大厦，它已经成为公共广场（左下方）和公园大道之间的枢纽。公共广场200号大厦位于右下方，可以看到其塔楼是如何在公园大道南端形成空间收尾。斯托克斯大厦（Stokes Building），即中央图书馆的扩建部分，位于图书馆建筑的右侧，与原建筑之间由阅读花园隔开。

时至1964年，公园大道中段的地下建造了一个会议中心，与毗邻的公共礼堂相连。2013年，完全重建的亨廷顿会议中心（Huntington Convention Center）取代了旧会议中心。虽然它也主要位于公园大道中段的地下，但其绿地屋顶向上延伸，覆盖了北侧的入口大厅。从鸟瞰图中可以看到，公园大道的抬升部分在湖滨大道投下了阴影。现如今，站在公园大道的南端，已经无法看穿整

图5.4 1998年竣工的克利夫兰中心图书馆路易斯·斯托克斯翼楼（Louis Stokes wing）与原有建筑之间有一个景观阅读花园，两栋建筑之间通过一个地下通道相连，并遵循官方设计导则，保持了原有建筑设计的独立和完整；另一项导则要求是新建筑的四至范围应与街道红线保持一致，并契合周围的新古典主义石质建筑，这项要求也以一种有趣的方式得到了遵循；四角是6层高的石质附属部分，而建筑主体则是一座10层高的椭圆形玻璃塔楼，其效果就像一座现代建筑冲破了传统建筑的束缚；该建筑由哈迪·霍尔兹曼·菲佛建筑事务所的马尔科姆·霍尔兹曼设计

图5.5 这张照片显示了路易斯·斯托克斯翼楼6层高的石质四角附属部分是如何将该建筑与苏必利尔大道上的石质建筑街墙联系在一起的，尽管这栋大楼的主体是一座椭圆形的10层玻璃立面建筑

图5.6 这是克利夫兰公园大道及其周边建筑的当前鸟瞰图，公共广场位于左下角，公园大道位于中央，科凯大厦位于公共广场和面向公园大道的建筑之间的枢纽位置，公共广场200号大厦位于右下角，从这个视角可以清楚地看到塔楼是如何通过布局呼应公园大道中心设计轴线的；路易斯 · 斯托克斯翼楼及其阅读花园位于原有图书馆建筑的右侧；在照片的左上方可以看到县政府大楼，而市政厅（它的“双子兄弟”）则位于公园大道另一侧的类似位置；2013年，公园大道的中段部分由南向北陡然升高，以覆盖一个完全重新设计的会议中心，该中心自1964年以来一直位于公园大道这一部分的地下；该区域仍是一片连续的绿地，但站在公园大道南端已无法看到它的整个空间了；有计划要将公园大道的最北端与湖滨的建筑连接起来，让铁轨从一个较低处穿过；尽管周围建筑的规模发生了变化，公园大道本身也发生了变化，但其设计仍然是克利夫兰市中心发展的主要塑造力量

个空间了，尽管它仍然算是一片绿地，末端没有任何建筑物阻碍视线。公园大道中段的西侧是全球健康创新中心（Global Center for Health Innovation），它的高度和布局与另一侧面向公园大道的市政礼堂相仿。位于湖滨大道和公园大道西侧的新会议中心酒店（图中的酒店仍在建设）与南端科凯大厦所产生的新规模形成了一种对称。照片右上角是市政厅，左上角是县政府大楼，几乎完全保持了最初设计

时的双子建筑风貌，共同构成现在的独立绿色空间。目前已有规划，要将穿过铁轨的这段公园大道与湖滨的新建筑连接起来。

最初的建筑群规划设计虽然已经发生了很大的变化，但对于几代决策者来说，它仍然是一个不容忽视的存在，这一点从建造一个现代化会议中心（大部分在地下）艰难而昂贵的过程就可以看出。公园大道仍被视为这片区域的空间组织核心，如果将其延伸到湖边，将会为其设计增添迄今为止还未具备的完整性。

保护堪萨斯市乡村俱乐部广场区（Country Club Plaza District in Kansas City）

在20世纪80年代中期，我在堪萨斯市重建局担任城市设计顾问，副市长约翰·兰尼（John Laney）请我为乡村俱乐部广场区进行规划研究。一位开发商购买了位于历史悠久的广场零售区以东的一块土地，并宣布将建造一座40层大楼的计划。如果说开发商的目的是为了激发人们对这座拟建大楼的兴趣与兴奋的情绪，那么它成功了，但并不是以开发商希望的方式。广场周围住宅区的居民并不热衷于这样的设想——当他们打开郊区住宅和花园式公寓楼的大门时，会迎面看到一座40层高的办公大楼。社区活动家们很快意识到，区域规划可能会允许建造更多类似的建筑，于是他们向市政厅施加压力，要求他们对此采取行动。

我曾与朱迪·汉森（Judy Hansen）开展合作，她是城市规划发展局规划与城市设计处的主管。朱迪和我认为广场区太大了，无法举办易于管理的社区会议，也很难容纳所有感兴趣的人。于是我们在广场区划出了4个象限，作为次级规划区，我可以在这些地方进行较小规模的社区讨论。

在这个过程的初期阶段，《堪萨斯市星报》（*Kansas City Star*）发表了一篇充满敌意的社论。我已记不清社论的具体内容了，但总的基调是：这个来自纽约的顾问是谁，他将给广场附近的居民带来怎样的灾难？人们很快就意识到这篇社论的作者就是住在艺术博物馆附近公寓楼里的人，那里也是广场规划区之一。公园和娱乐委员会主席安妮塔·戈尔曼（Anita Gorman）为朱迪和我安排了一次与《塔萨斯市星报》编辑部的会面，并向他们解释了我和市政府正在做的事情，此后就再也没有出现谴责的声音了。

作为“碗”的广场

乡村俱乐部广场的零售区由杰西·克莱德·尼科尔斯公司（J.C. Nichols Company）建造，作为他们更大规模土地开发的一部分，该项目包括全新的社区。[5]店铺建筑采用了如画的西班牙风格，配有吸引人的喷泉、景观设计和装饰性塔楼。最初它只是一家当地的购物中心，但到了20世纪80年代中期，这里已经发展成为区域范围内主要的零售商业区，拥有一批精心挑选的商铺以及电影院和大量可供选择的餐厅，迎合着财务自由的人们。零售店一直是为驾车出行购物的顾客而服务的，多年来，为了满足大量的停车位需求，人们将汽车停放在屋顶、地下或隐藏在店面后面的车库中。虽然停车位很容易找到，但却与许多环绕在零售店周围的地面停车场不同。在购物区南面，横跨灌丛溪（Brush Creek），尼科尔斯公司在地势较高的地方开发了大约10层或11层的酒店和公寓楼，广场北面也有类似的建筑。当我在社区会议上展示广场区的幻灯片以促进讨论时，我说广场及其周围的建筑已经成为一个非常成功的城市设计了。我将它比作一个“碗”，低矮的零售建筑位于碗的底部，周围较高的建筑是碗的边缘（图5.7）。

这种设计值得保护，它可能会因为采用错误的方式进行新的开发

图5.7 堪萨斯市乡村俱乐部广场的低层零售区被较高的建筑所包围，这种城市设计构成可以被描述为一个“碗”：零售区位于碗底，而周围较高的建筑则构成碗的边缘；如果将零售区的一部分重建为塔楼，原有的城市设计构成将不复存在；公众对“碗形概念”的支持使其得以完整保留；现在，堪萨斯市通过区划条例中的高度限制来对其进行保护

而消失。如果碗底被重建成与碗边一样高的建筑，这个设计就会消失；如果边缘的建筑与碗边的普遍高度不成比例，设计就会受到损害。这并不是说不应该有新的开发，只是说无论增加什么，都应该与已经存在的东西相联系。广场区的物理形态就像一只“碗”，这一观点引起了与会人员的共鸣。他们以前没有这样想过，然而这与他们的体验相符。

作为河流的灌丛溪

在这些会议召开的时候，灌丛溪穿过了广场区，在一条宽阔的混凝土排水沟底部涓涓流淌。1977年，灌丛溪沿岸暴发了山洪灾害，造成25人死亡，其中一些人是在广场区被困，另一些人则是在城市东部以非裔美国人为主的社区。此次洪灾也造成了巨大的财产损失。在我制定广场规划的时候，美国陆军工程兵部队正在为灌丛溪进行重新设计。我与他们的工程顾问见了面，他们向我展示将在小溪沿岸修建“断流坝”的计划。这些坝会让溪流看起来像是一条河流，水会一直填满河岸之间的空间。一旦发生洪灾，额外的水压会导致水坝打开，洪水就会顺流而下。我认为这将是改善广场区设计的好方法。我在会议上谈到了这个项目，并绘制地图以展示有多少地方将能成为滨水地产，而非望向混凝土河道。最终，工程兵部队的计划被市政府接受并实施。1998年，又发生了一场严重的洪灾，其中一些问题是由低洼的桥梁引起的，桥梁被淹没，同时被淤积物堵塞，导致水位上涨。自那时起，灌丛溪的洪水治理方式已经得到了改善，它仍然看起来像一条河流，而且也仍是一处宜人的休闲设施。

规划及其后续影响

在我与居民共同制定的规划获得了社区会议的一致通过后，我与城市规划和开发部门的工作人员一起编写了规划文件。1989年，《广场城市设计和发展规划》获得通过并公布。结果发现，启动整个过程的开发商并没有控制足够的地产，无法按照现有的区划建造一座40层的大楼，该地块最终成为一组花园公寓。我曾与尼科尔斯公司的总裁兼首席执行官林恩·麦卡锡（Lynn McCarthy）讨论过在城市区划条例中对乡村俱乐部广场的零售大楼设置高度限制的问题。他说公司绝不会同意这样做，而且他确信他们对市议会有足够的影响力，可以确保这种情况不会发生。市政府的工作人员也同意这种看法，我们可以将零售区的高度限制作为规划的一部分，却无法通过市议会改变区划。

麦卡锡向我保证，尼科尔斯公司现在是雇员所有，他和其他在那里工作的人绝不会做出任何破坏他们开发项目特色的事情。就在我们谈话的时候，尼科尔斯公司在佛罗里达州圣彼得堡的一个楼盘亏损了数百万美元，管理层很快被迫将整个公司的控股权出售给纽约的投资者艾伦公司（Allen & Company）。2002年，麦卡锡本人因在1986～1995年对尼科尔斯公司所作的欺诈行为而被判处5年缓刑。[6]

机缘巧合，乡村俱乐部广场的中心地带作为一个低层建筑区得以保留下来，而最近沿着第47街向西修建的较高建筑，与早期形成的原始设计构图边缘的较高建筑基本上保持了一致。2015年，市政府编制了一份新的，但不那么详细的区域规划，其中包括乡村俱乐部零售区及其周边的开发项目。社区居民带着1989年规划的副本参加了会议，并成功地将其中更具体的规定纳入了新的规划，包括将建筑高度建议与乡村俱乐部广场相结合的“碗形概念”，以及支持特定区域发展的地图。

社区依然记得《广场城市设计和开发规划》，即使官方规划者显然已经忘却了它。2019年，堪萨斯市议会投票决定在广场购物区实施45英尺（约13.7米）的高度限制。[7]实施这一城市设计规定花费了30年的时间，但考虑到当前的零售革命，这可能仍然是保护原始城市设计的重要途径。

实施策略

保护城市设计意味着尽可能保留其基本原则，即使产生原始建筑的条件发生了变化。这些原则可以被转化为客观标准，如高度限制、退让和建至线，进而将这些标准纳入区划地区或用作设计审查的标准。

人们知道自己何时喜欢一个地方，也知道是什么让一个地方令人心动。保持克利夫兰绿色公园大道的开放性和轴向对称性是保持其城市特色的基本要素，这一点已被人们充分了解。有时，对一个城市设计成功之处的解释可以像堪萨斯市广场区那样简单。该地区是根据街道层面小型零售建筑的清晰概念设计的，低高度是其最重要的元素，在重要性上甚至超过了早期建筑的“西班牙”风格。保持购物区原有的低层配置，并将停车场很好地隐藏起来，是其城市设计的关键考虑因素。

【补充阅读建议】

已经有大量的文献探讨了历史建筑保护和作为历史街区组成部分的建筑群的保护，然而在城市设计的保护方面却缺乏相应的文献、法律和财政支持。一个已经实施了几十年的城市设计往往不再被视为一种设计，它就在那里，被所有人视为理所当然。《新市政艺术：城市规划要素》（*The New Civic Art: Elements of Town Planning*）是一本有助于理解潜在城市设计的书籍，该书由安德烈斯·杜安伊、伊丽莎白·普拉特–兹伊贝克、罗伯特·阿尔米纳纳等人合著，由Rizzoli出版社于2003年出版。另一本关于城市设计重要方面的更为详细的书是《伟大的街道》（*Great Streets*），作者是艾伦·B. 雅各布斯（Alan B. Jacobs），该书最初由MIT出版社于1993年出版。这两本书的写作目的都是为设计师提供参考范例的信息，但它们也可以作为指南，帮助设计师了解特定城市环境的设计初衷。

【注　释】

[1] 克利夫兰的公共广场自那以后被重新设计，人们对广场内的苏必利尔大道进行了景观美化，并将其缩窄为两车道。

[2] 在我的《破碎的大都市》（New York: Icon Editions, HarperCollins, 1995）一书的第198、199、202、203页刊登了其中的两张地图。

[3] 我在上文提到的《破碎的大都市》一书的第200页刊登了社会储蓄银行的正立面图。

[4] 我在《建筑》（*Architecture*）杂志1988年12月号上发表了一篇关于克利夫兰市中心事件的文章，题为“不可思议的克利夫兰：都市重生与明星建筑”（第88～89页）。该标题来自杂志编辑唐纳德·坎蒂。

[5] 埃文·康奈尔在他的两部小说《布里奇夫人》（*Mrs. Bridge*）和《布里奇先生》（*Mr. Bridge*）中讽刺性地描绘了乡村俱乐部区的上中产阶级的生活。这些小说后来被莫昌特与艾沃里电影公司（Merchant Ivory）改编成了一部电影，其结局完全背离了原著。

[6] “Former J.C. Nichols CEO Gets Five Years’ Probation”, *Kansas City Business Journal*, February 28, 2002. See also “A Family Album of Intrigue; Kansas City Tale of Inside Deals and Outside Investors”, by Barnaby J. Feder, *N.Y. Times*, January 11, 1996.

[7] Lisa Rodriguez, “Kansas City Council Approves ‘Plaza Bowl’ Rules to Keep Short Buildings in the Center”, transcript of a broadcast on KCUR, February 14, 2019.

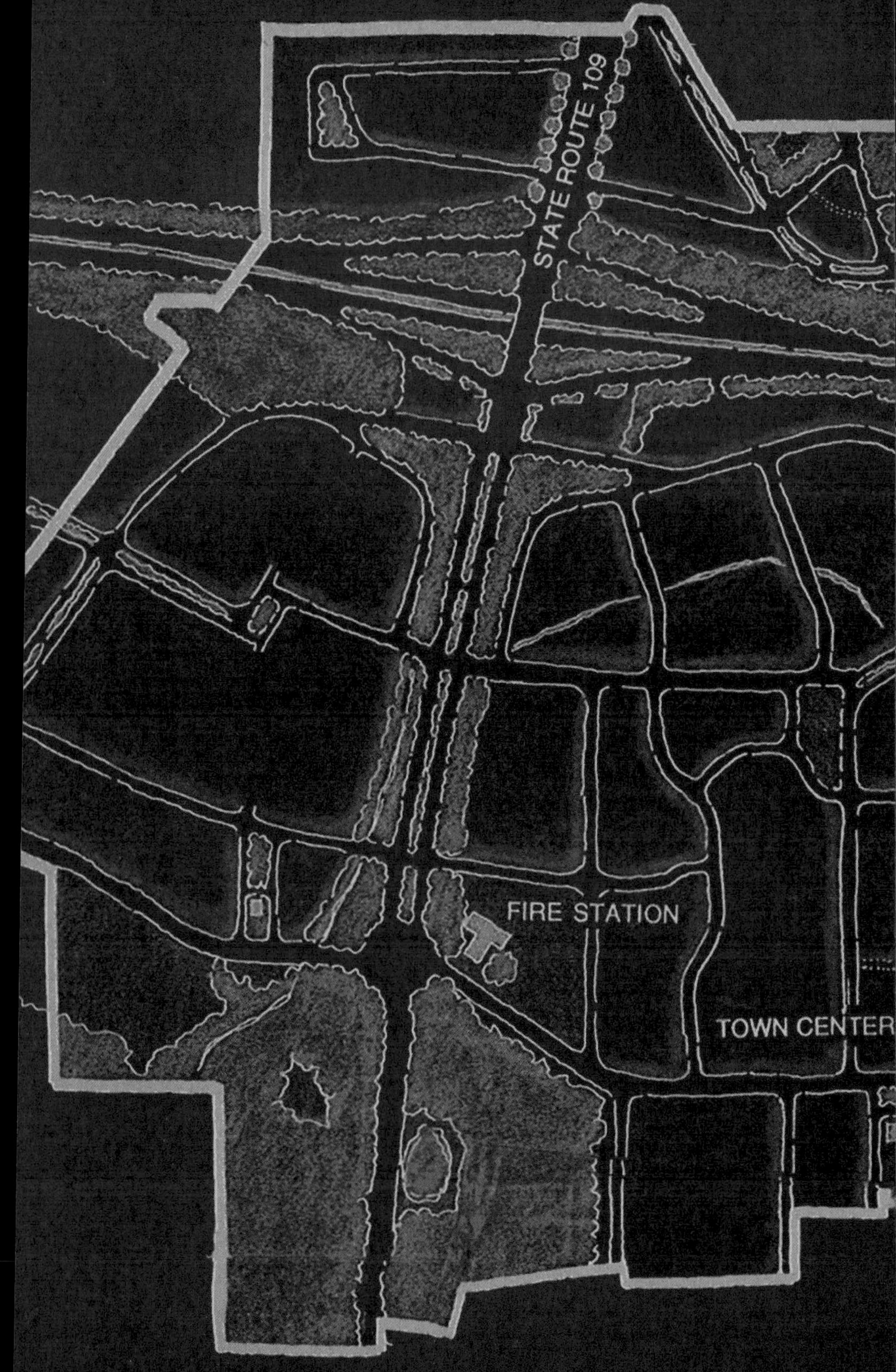
STATE ROUTE 109
FIRE STATION
TOWN CENTER

06

改变法规
以防止郊区蔓延

CHANGING REGULATIONS TO PREVENT SUBURBAN SPRAWL

所谓郊区蔓延，并不是市场力量的结果，而是三个过时法规观念共同作用下的产物：首先是法规中对环境条件的无视；其次，区划法规规定了“最小地块尺寸”，导致大片区域内的住宅地块尺寸趋于一致；最后，还有在郊区高速公路两侧划分出的狭窄商业地带。随之而来的对于地方政府制定规则的回应，是房地产市场创建的郊区开发模板，而该模板已成为整个美国郊区设计的默认模板：农场和林地被夷为平地，等待着工程开发；住宅土地细分的固定样式向各个方向延伸数英里，使得每栋房屋都和周边邻居的房屋在相同大小的地块中呈现出相似的形态；郊区高速公路两旁排布着条形的购物中心、快餐连锁店、加油站、汽车旅馆和小型办公楼的标志和配套停车场。人们已经调整了生活方式，以适应这种几乎每次出行都离不开汽车的既有模式。许多人喜欢这种方式，并认为这个问题是不可避免的。然而，将整体的地貌景观变成住宅地块、高速公路和停车场，会使得整个社区在大雨过后极易遭受洪水侵袭。公路旁林立的商业设施使得司机们不断地从每一个单独的停车场岔口汇入公路，这无疑是造成交通拥堵的重要原因。由于购物、上学和工作的通勤都离不开机动车，每个工作日的早晚高峰时段都会出现拥堵。周六，当每个人都忙碌各自的差事时，必然会迎来最糟糕的交通状况。

怀尔德伍德（Wildwood）拒绝常规的郊区发展

圣路易斯县（St. Louis County）西部的居民热爱他们居住的家园，但他们并不喜欢通用的郊区开发模板改造他们社区的方式，他们希望按照自己的想法改造社区。经过长期的政治竞选，他们在1995年2月的一次特别选举中脱离了该县，创建了占地67平方英里（约17353公顷）的怀尔德伍德新城。61%的当地居民就新城成立问题进行了公投，而其中61%的人投了赞同票。

1995年8月，我接到芭芭拉·福伊（Barbara Foy）的电话，她是被任命为临时市议会的16名当地领导人之一。同年9月，怀尔德伍德将正式成为一座城市，届时县区划及土地细分条例将不再适用。当地的房屋建筑商同意不对三个月的暂停期提出抗议，但他们想要在暂停期后重新启动建设。芭芭拉询问我：“您能帮助我们在

3个月内制定一套新的区划条例吗?”

我表示会给她答复。随即我给波士顿的罗宾逊·科尔律师事务所（Robinson & Cole）的开发及土地使用律师布莱恩·布莱泽打了电话。我之前曾与他共事过，我知道他可以创造性地处理不寻常的情况。他的反应是，只要区划条例的许多规定遵循该县现有的条例，对于制定新的区划条例来说，3个月就不是一个不可能的期限，因为它们无论如何都应该避免不合规的用途。他补充说，如果社区想要制定有争议的新要求，就需要一个总体规划来证实改变的原因。

1995年8月底，我前往怀尔德伍德，与几位为新城成立斗争了3年的领导人见了面。他们最初作为一个联盟的成员走到一起，并成功地反对了城市三环路穿过他们的社区中心。在意识到圣路易斯县的官员们仍将继续忽视他们对不良开发做法的抗议后，他们开始考虑成立一个独立的政府。

他们带我参观了社区中的一些问题区域。开发商持续地砍伐树木，运走表层土壤，并将山坡推平填进山谷。由于没有区域雨水管理系统，加速的径流侵蚀了流域下游的其他房产，冲毁了河岸，破坏了桥梁和街道。在一些地方，地下污水管道干管和电线管道都已经因被侵蚀而裸露。

这些问题经拍照记录、制图标记后均被提交给了县委员会，但对该县的政策制定未产生任何影响（图6.1）。

在这个历史悠久的社区中心，沿着老曼彻斯特路（Old Manchester Road），该县一直在进行从住宅到商业的区划转变，但结果看起来却像是东部邻近社区沿着同一条道路的带状开发区域的延伸。尽管此前与县政府的工作人员就起草该地区的新计划进行了持续两年的会谈，但该县最终还是绕开了与社区商讨过程中的问题而直接批准了区划变更。

怀尔德伍德县还计划拓宽多条当地道路，以应对该县的交通工程师认为不可避免的未来交通拥堵问题。

正如各位所理解的那样，这些问题来自官方政策。他们总结出了一种城市设计策略，但这种策略是在没有充分了解其影响的情况下做出的。我告诉新社区的领导者，他们是对的，在区划法及土地细分法规中首先要作出的改变是增加环境保护措施。他们可以保持

图6.1 由怀尔德伍德居民拍摄的一张照片，记录了由于圣路易斯县考虑不周的开发政策而导致的侵蚀；这张照片和其他照片一样，也是由玛丽安娜·E. 西蒙斯（Maryanne E. Simmons）拍摄

现有的住宅密度，但不必保持统一的最小地块面积；此外，还可以通过建立一个混合功能、适合步行的城镇中心作为传统条形商业区的替代方案。我还认为，更紧凑的开发以及更强大的内部街道系统可以缓解交通拥堵，从而降低对拓宽高速公路的需求。

然而，作为一名设计师，我需要一位认同这些目标的律师在法律事务上提供支持。我向社区领导者介绍了布莱恩·布莱泽以及他与全国各地的规划者合作修改分区法规的资历，并告诉他们布莱恩认为他可以在最后期限内完成工作。同时，我也转达了他的判断，即此类变更工作需要一份论据充分的总体规划的支持。

总体规划需要基于基本事实的调查结果，包括自然景观、历史遗迹、交通、下水道及其他基础设施（如供水系统）的位置和使用状况，道路及桥梁的位置和状况，城市服务设施（如消防和警力防护）的可用性，以及学区的信息。选择一家咨询公司来收集这些背景信息所需要的时间，通常要比他们完成这项工作所需的3个月的时间期限本身更长。由于时间和预算都非常有限，我建议在场的一部分人参与收集总体规划的数据。我提出，在共同制订计划的同时我可以告诉大家需要什么信息，并指导大家如何查找信息。除了布莱恩·布莱泽，我们还需要丹尼尔·沃格尔（Daniel Vogel）律师继续提供法律咨询，他曾亲历怀尔德伍德县分裂与新城成立的整个过程，且正担任市检察官一职（怀尔德伍德新城）。我可以推荐一位交通顾问，我需要他们帮助找寻能够就当地水土流失问题向我们提供建议的合适人选。如果以上条件均能满足，我就可以在最后期限内完成一份总体规划草案，而布莱恩也已着手确认并重新起草县法规中需要修改的部分，同时承诺在相同的时间期限内完成修改工作。

为总体规划收集信息

事实证明，由充满活力且积极主动的市民进行调研，是获取学区、县官僚机构及州政府机构（如交通部门）数据的绝佳方式。关于环境方面的建议，新成立的怀尔德伍德规划和区划委员会主席斯蒂芬妮·利克曼（Stephanie Lickerman）是一位互联网熟手，她联系到了密苏里大学哥伦比亚分校（University of Missouri in Columbia）的环境科学教授戴维·哈默（David Hammer）。她同时说服了南伊利诺伊大学爱德华兹维尔分校（University of Southern Illinois at Edwardsville）的区域研究机构，使用该县提供的数据文件和他们自己的资源，以极其合理的成本建立了怀尔德伍德的地理信息系统。

戴维·哈默在第一次游览怀尔德伍德时不断说道："这是一个典型的例子"，因为他亲眼目睹了教科书上介绍的由于植被剥离、土方推平、排水通道堵塞、蓄水池大小及位置不当带来的后果。哈默指出，怀尔德伍德位于欧扎克斯（Ozarks）山麓，距离圣路易斯约25英里（约40公里），比靠近城市的冲积平原更容易受到侵蚀。在该县其他地方或许可以接受的开发模式，在这里肯定行不通。

沃尔特·库拉什（Walter Kulash）是奥兰多（Orlando）的格拉廷·杰克逊–克彻–安格林·洛佩兹·莱因哈特公司（Glatting Jackson Kercher Anglin Lopez Rinehart，GJKALR）的交通规划师，他来到怀尔德伍德，我们开车载着他，一路沿着狭窄的乡间小道行驶。这些乡间小道需要被拓宽吗？

在回顾了休·卡利南（Sue Cullinane）从县和州办公室获取的

交通统计数据、县人口预测以及我们正在讨论的总体规划原则之后，沃尔特得出结论，如果在一些节点上进行安全改进，同时新的开发项目有强大的内部街道系统，我们就能够满足现有道路预期的交通量增长需求，可以将这些要求写入土地细分条例。这一结论与戴维·哈默反对因拓宽道路而破坏自然地貌的建议不谋而合。

规划进行到中期时，怀尔德伍德聘请了深受当地居民尊敬的县规划师约瑟夫·武伊尼奇（Joseph Vujnich）担任规划和公园主管。约瑟夫和我会见了分管供水及污水管廊的官员。我们了解到，怀尔德伍德地区目前没有计划再增加雨水排放系统。此外，污水处理系统已接近满负荷，且并没有计划将污水管廊向西拓展至南北向穿越怀尔德伍德市中心的109号公路。

制定总体规划设计理念

我与约瑟夫及社区领袖在建筑师丹尼斯·塔基（Dennis Tacchi）的家中开了一整天的会。我们把约瑟夫从县里搜集来的一些地图和丹尼斯的几张草图纸摊在他家的餐桌上。

怀尔德伍德的大部分地区被划分成3英亩（约1.2公顷）的地块，这是圣路易斯县在1965年首次通过开发法规时作出的决定。统一的3英亩区划既不是保护景观的理想方式，也不是组织新开发项目的理想方式，但要改变它即便不是不可能，也是极其困难且耗时的。3英亩的土地通常足以建造一个可行的污水处理系统了，而且戴维·哈默认为，在怀尔德伍德的地形地貌中，以这种密度建造房屋是可行的。由于109号公路以西并没有扩建污水管廊的计划，在总体规划中认可现有的区划似乎是一项明智的公共政策。我们在地图上画了一条线，表明这条线以西的区划政策不会改变。

在怀尔德伍德境内，109号公路西侧有两个大型公园：巴布勒州立公园（Babler State Park）和洛克伍德保留地（Rockwoods Reservation）。我们画了一条连接两者的野生动物走廊：该走廊向北进一步连接密苏里河（Missouri River），向南则进一步连接梅拉梅克河（Meramec River）。这一政策意味着，走廊内任何开发项目的设计都应当允许野生动物不受阻碍地迁徙。由于土地被划分为每3英亩最多一所房屋，因此应当可以进行集群开发，以便维持这样的走廊。

在109号公路以东，部分土地已经按照3英亩（约1.2公顷）的区划完成了建设；在其他许多地方，该县已经批准了半英亩（约0.2公顷）或1/4英亩（约0.1公顷）的分区，并在规划单元开发中增加了建设密度。已经完成这些部分对实现分区模式是有意义的，我们可以在不产生新的侵蚀问题的基础上对其进行管理。因此，我们在地图上又画了更多的线。

没有人愿意看到毗邻埃利斯维尔（Ellisville）的商业带沿着老曼彻斯特路延伸到怀尔德伍德中部。早期的定居者在那里找到了最平坦、最适合建设的土地，并建立了他们的第一个小城镇。我们也深知，如果怀尔德伍德的总体规划过于保守，就会被开发商们以反增长的名义进行抨击。房间里的许多人都熟悉新城市主义者（New Urbanist）的规划理念，在更西边，由杜安伊/普拉特–兹伊贝克事务所设计的新城镇圣查尔斯县（St. Charles County）就是以此为理念建设的。我提议在老曼彻斯特路北侧与109号公路之间规划一个高密度的多功能中心来满足增长需求，因为那里有最适宜建设的土地。这不是住宅建筑商所要求的密度，但绝对有利于增长。我们划定了城镇中心的边界，这个混合功能区将把县里已经批准的几个分散的商业重新分区整合在一起，并且允许这里的住宅密度比怀尔德伍德其他任何地方更高、地块面积更小。城镇中心将有一条主要街道供商店和办公区使用，这将是一个人们可以停车和步行的地方。这里还将有公寓和联排别墅，以便年轻人和老年人能够继续居住在社区里。

到那天结束时，我们已经就总体规划中应规定的基本政策达成了一致意见。我预感到这次会议起到了很好的效果，我认为我们已经达成了真正的共识，而不仅是一些人静静地坐在那里保留自己的意见，这种情况在社区会议上肯定会发生的（图6.2）。

筹备新规章

戴维·哈默与布莱恩·布莱泽以及他在罗宾逊·科尔律师事务所的同事们合作制定了适合怀尔德伍德生态本底的环境保护措施，这些规定最终成为新的土地细分条例的一部分。布莱恩和丹尼尔·沃格尔在我的指导下修改了其他土地利用法。在布莱恩的建议下，他们增加了一项场地平整条例和一项树木保护条例。这两项条

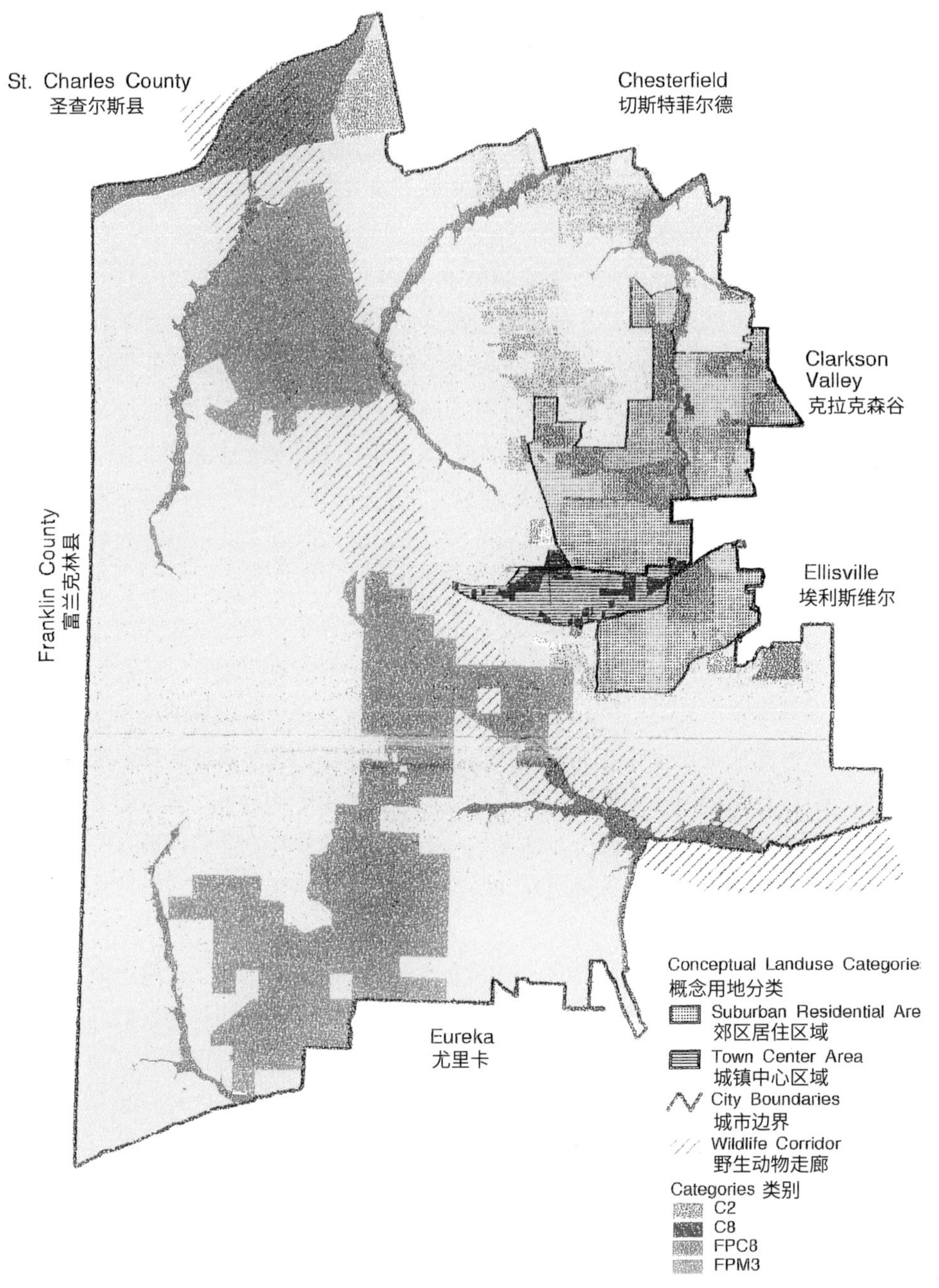

图6.2 怀尔德伍德市1995年总体规划中的土地利用地图；主要的土地用途（即用黄色表示的区域）是非城镇区域，此区域内限制每3英亩（约1.2公顷）土地不超过一栋房屋的开发，这是圣路易斯县在20世纪60年代中期绘制的分区图；月牙形的平行线表示一条野生动物走廊，连接北部的密苏里河和东南部的梅拉梅克河，它穿过非城镇区域，连接了怀尔德伍德的两个主要公园保护区；不同类别的郊区分区用具有不同纹理的色块表示，城镇中心区包含在地图中心的船形轮廓内

例都是必要的，以防止开发商在给市政府递交的申请被批准之前就将土地推平。我和他们一起工作，使得区划地图与我们达成共识的总体规划政策相契合。

我们的工作自9月份开始，到12月初，总体规划草案和修订后的开发法规草案已经出炉供公众讨论。随着文件草案起草工作的就绪和圣诞节的临近，开发暂停期有可能延长，以涵盖公共审批程序。1996年2月，新怀尔德伍德市议会通过了总体规划和新的开发法规。从那时起，任何计划在怀尔德伍德开发新项目的人都必须满足城市的总体要求，确保自然排水方式和山体坡度不会被改变，并且必须在开发前阐明如何使建筑物远离落水坑、曾经的山体滑坡地点以及任何洪泛区和湿地。其他限制区域还包括土壤易受侵蚀的地区及地形易受侵蚀的地区。

新市中心的详细规划

随着约瑟夫·武伊尼奇（Joe Vujnich）和丹尼尔·沃格尔制定了新的区划及土地细分法规，是时候为怀尔德伍德总体规划中概述的中央混合功能区准备一个具体的设计概念了。我建议市政府继续聘请先前的设计者安德烈斯·杜安伊和伊丽莎白·普拉特–兹伊贝克，并由他们牵头一个以社区为基础的多方研讨会，这也是他们喜欢的工作方式。我曾与安德烈斯和伊丽莎白共事于佛罗里达州的沃尔顿县（Walton County）、西棕榈滩（West Palm Beach）市中心及位于诺福克（Norfolk）的海景社区的多方研讨会。我知道他们会引入一个设计师团队，在怀尔德伍德开展一个为期四五天的高强度工作营，为城镇中心起草制定一份总体规划草案，并且会把临时市政厅当作办公场地，以便路过的市民可以随时进来提出建议。在每天工作结束时，都会有一个向公众开放的环节，汇总最新的进展情况。工作营最终将以对规划草案的公开汇报作为结束。

怀尔德伍德与杜安伊/普拉特–兹伊贝克公司（Duany Plater-Zyberk and Company，现称DPZ联合设计）达成了协议。有些人被合同中的条款吓了一跳，特别是关于DPZ团队在工作营期间可以获得的食物规格。我解释说，这些年轻的工作成员每年要花很多时间前往全国各地从事此类项目，他们深知只吃冷盘和薯片是不可持续的。

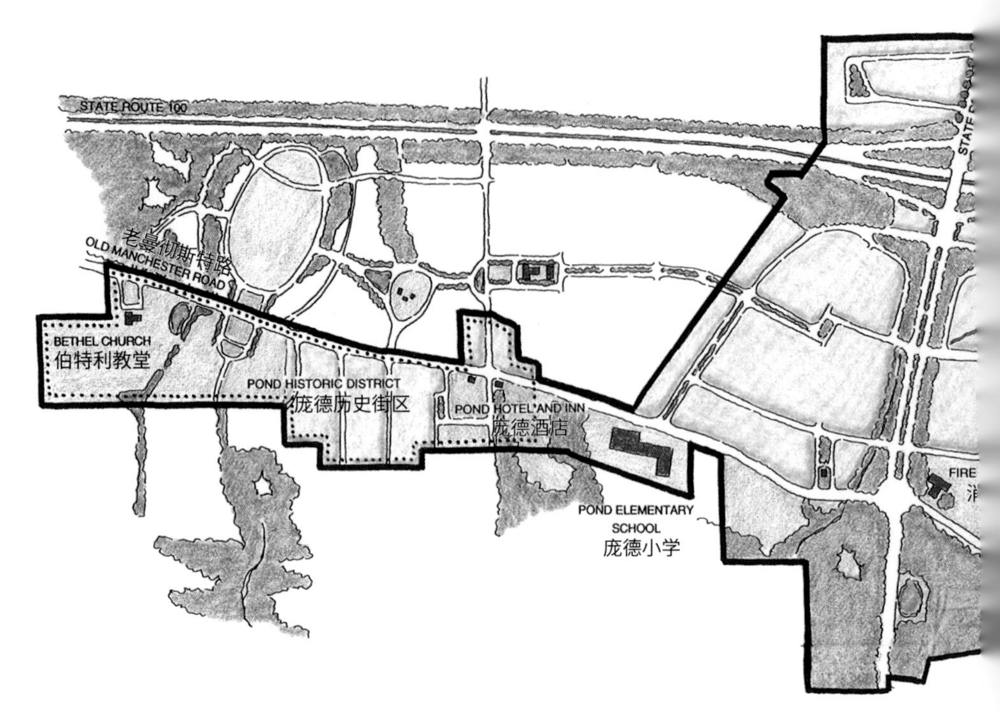

图6.3 1996年，DPZ公司在一次研讨会上完成了城镇中心的地图；设计师认为商业区应当在位于地图中心的南北向109号高速公路的两侧发展；而房地产开发商则更倾向于将市中心的东端用作商业用途，因为这片土地更靠近怀尔德伍德，并且临近埃利斯维尔和克拉克森谷的现有开发项目

安德烈斯本来要带队，但由于不得不做一个小手术，而在最后一刻退出了行程。伊丽莎白也忙于手头的其他事务，尽管她答应腾出时间来参加最后的演示。最后，由我和DPZ团队的汤姆·洛（Tom Low）一起负责这次多方研讨会。当团队于1996年3月抵达城镇时，他们做的第一件事，就是按照19世纪首次勘察该地区时创建的原始平方英里网格来布置街道。毕竟，绘制街道地图是最古老、最被认可的市政权力之一。

该团队对土地轮廓的判断极为精准：怀尔德伍德的工程顾问在多方研讨会后进行审查时，对提案的街道布局只提出了微小的修改意见。相较于典型的郊区带状开发模式，城镇中心规划提供了一个明确的替代方案。商店、办公和更高的住宅密度均可以在街道层面的规划中实现，看起来就像是附近密苏里州柯克伍德（Kirkwood，Missouri）市中心那样的传统小城镇或郊区。伊丽莎白到工作营

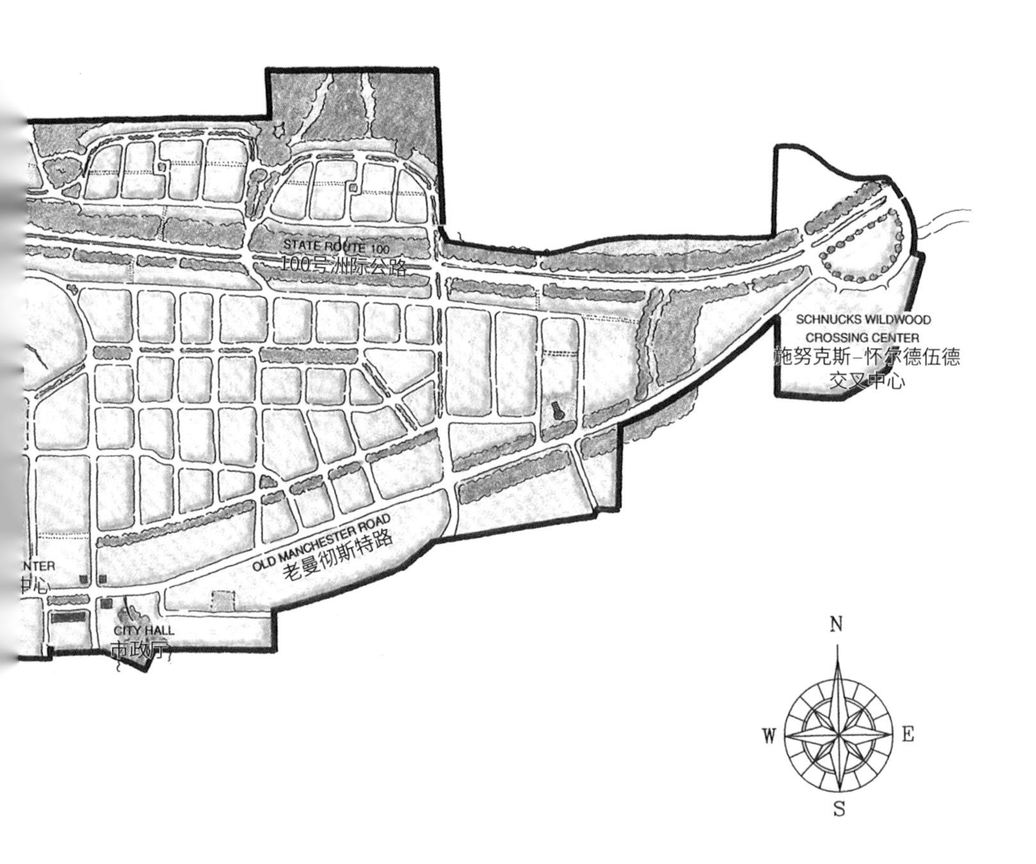

时，我们正在对图纸进行最后的润色。她看着我正在帮汤姆渲染的总平面图，问道："你以前用过这些颜色吗?"我确实没有，但汤姆之前用过，在莉兹做幻灯片演示时，这样的颜色搭配呈现效果相当清晰明确（图6.3）。

多方研讨会召开后不久，怀尔德伍德举行了第一次选举，以接替先前由该县任命的临时市长和议会。这次选举至少在一定程度上是对总体规划和新的开发法规的全民公投，而这些政策的支持者在新议会中占据了绝大多数。

怀尔德伍德城镇中心规划（Wildwood's Town Center Plan）的实施取决于开发商的主动性，因为开发商必须制定自己的购买协议，以整合他们希望开发的资产。安德烈斯和伊丽莎白早已习惯了与已经控制了他们规划的整个区域的开发商合作。他们设计方法中的核心策略之一，是能够因地制宜地根据开发类型细化出符合总体规划的设计细则。与他们合作的主要开发商在为个别项目出售地块时，可以将设计细则作为房产协议的一部分。

怀尔德伍德不得不依靠其区划法规及修建街道的能耐，在大量被划分为独立所有权的地块上实施城镇中心规划。城镇中心规划刚被采纳便遭到了反对，反对声主要来自边界内的业主们。尽管经历了多方研讨会，业主们仍对规划过程感到不舒服。在约瑟夫·武伊尼奇的建议下，议会起初只采纳了一份城镇中心的设计原则声明。随后，约瑟夫带领业主们一步一步地进行分析和讨论。

虽然城镇中心的详细规划最终只做了一些很小的修改就获得了批准，但议会直到1998年2月才最终付之行动。约瑟夫决定保留对区划法规的实际修改，直至开发商提出具体提案。

实施城镇中心规划

怀尔德伍德的城镇中心规划虽然有理有据，且很好地适应了地形，但并没有以当地开发商可能提出的建筑类型为依据，而杜安伊/普拉特–兹伊贝克的设计又过于具体，以至于无法成为区划法规的一部分。然而，怀尔德伍德的新区划中设立了一个建筑审查委员会，在规划委员会采纳任何开发提案前向其提供建议。建筑师约翰·冈瑟（John Guenther）是组织创建怀尔德伍德的原始成员之一，他成为建筑审查委员会的主席，委员会投入了很多时间和精力投入与开发商合作，以便能够在整体的规划理念下实施他们的项目。

当地连锁杂货店迪尔伯格（Dierberg）最初提议在规划的城镇中心西端的陡峭坡地上开发一个购物中心。这需要在建筑的背面建一座13英尺（约4米）高的挡土墙，而这正是市民们组织起来阻止开发的类型。经过一番激烈的争论，迪尔伯格在城镇中心的东端找到了一个更易开发的替代场地。约翰及审查委员会与他们一同工作，设计出既符合他们的需求，又满足规划要求的建筑。约瑟夫在早期阶段便给予他们支持，直到每个人都对开发方案满意才批准建设必要的街道。

迪尔伯格建了一个传统的条形购物中心，但位于城镇中心街道上，而不是在主干道上。这类通常沿着高速公路呈条带状分布的建筑群，如今围绕着一个步行街道系统被组织起来，这也是从多方研讨会期间达成的共识中逐渐发展而成的。停车场的数量超出了需求，但这是开发商所坚持的。多亏了建筑审查委员会的帮助，购物中心的“地块场地”被有效地组织起来，从而限定了连接北部100号公路旁道和南部老曼彻斯特路的入口街道——泰勒路（Taylor Road）（图6.4）。泰勒路与100号公路的交叉口有交通信号灯，在泰勒路和老曼彻斯特路的交会处有一个环岛。如果该县延续先前的开发方式，老曼彻斯特路沿线早就成为条形商业带了。

迪尔伯格的项目完成后，其他的项目陆续开发，包括两家大型药店以及几栋底部为商店和餐馆，上部为办公的建筑。从喷泉广场向南看，背景是十屏影城，右边是怀尔德伍德酒店，左边有两栋建筑，底层是餐厅，楼上是办公用房（图6.5）。从喷泉广场的喷泉向西看，怀尔德伍德酒店则出现在左侧，远处是一个辅助型生活综合体，这是在城镇中心建造的第一座公寓大楼（图6.6）。

夏天，怀尔德伍德在辅助型生活综合体东边的空地和公园里举办农贸集市和其他活动，以强化人们对城镇中心的集体记忆。在市中心以西的主街上、109号南北高速公路旁，还有一个已经建成的路段。该路段处于正在开发小尺度地块住宅的区域，这种小尺度地

图6.4 通往城镇中心的主要通道是泰勒路，如图所示，它连接了北部的100号公路旁道和南部的老曼彻斯特路，这两者都是现有开发项目的主要承载者；4个“地块场地”中的两个位于某购物中心的配套大型停车场对面，不远处是迪尔伯格经营的一家杂货店；其景观设计同样参考了怀尔德伍德建筑审查委员的建议

图6.5 顺着喷泉广场看过去是城镇中心的主街，背景是怀尔德伍德10号民宿剧院（B&B Theatres Wildwood 10），怀尔德伍德酒店在右边，左边是多功能复合的商业建筑

图6.6 喷泉广场中心的喷泉；怀尔德伍德酒店位于左侧，右侧远处是一个辅助型生活综合体；城镇中心还远未建成，大部分用地仍为郊野土地

块的住宅开发在怀尔德伍德城镇中心是被允许的。今后倘若有开发商感兴趣，并能够说服中间地块的业主出售房产，最终主街的两个路段应当被连接在一起。之前也曾经有过这样的提案，但一直没有实现。

怀尔德伍德在未来某天会成为城镇中心的地方建造了新的市政大楼。这里仍然有大量的未开发土地，等待着更多的商业开发或更高密度的住宅开发；也有精心设计和悉心维护的街道和人行道，等待着使每一个新开发项目成为整体设计的一部分。

在后来的怀尔德伍德选举中，先前团队中的两名成员角逐市长一职，结果由于分票导致第三位候选人当选。他对城镇中心的规划理念没有同样的承诺，在他执政期间，一些小型办公楼和商店被批准在规划的城镇中心步行距离之外，但仍然位于社区中心。后来，市长和规划委员会又回到了最初的设想。但是如果能把所有的中心功能集中在一个地方，那么城镇中心将会更具活力。

在社区的政治变迁中，约瑟夫·武伊尼奇一直坚守岗位，指导开发商完成审批流程。时至今日都没有出现新的侵蚀问题。约瑟夫甚至说服了洛克伍德学区（Rockwood School District）在城市东侧一大片住宅区的中心筹建了一所小学，以便一些孩子可以步行上学。

怀尔德伍德于2021年9月21日举行了其成立25周年庆典——由于新冠疫情，纪念活动被推迟了一年。[1]

实施策略

布莱恩和我从现有的条件开始，制定了总体规划文件的格式，包括戴维·哈默关于怀尔德伍德生态状况的报告，以及社区领袖工作小组收集的统计数据和地图信息。确定新城目前及预计的未来人口尤为重要。我们正处于美国两次人口普查的中间。最近一次普查的数据显示，该县的人口数量约为23000人，比我们的研究人员所认为的要少，因为这其中未包括最近批准房屋用地的居民，仅考虑已批准了的开发项目。到2020年，新城的未来人口可能会达到30000人，这对许多人来说是一个新的发现。[2]在总体规划中，以五大要素为线索总结了对现状的调查研究，并阐述了每个要素的未来愿景、目标和政策，分别是：环境、规划、城市服务、交通、开放空间及游憩娱乐。由于开发法规总是以综合规划为基础，因此总体规划的条款对于支撑怀尔德伍德所有法规条款是至关重要的。

在总体规划中的环境要素专项规划的支持下，场地平整条例与树木保护条例在保护怀尔德伍德的独特自然环境方面发挥了至关重要的作用。根据怀尔德伍德当地的法规，为筹备任何开发项目而进行的场地平整工作——即用推土机开挖土方，都需要获得许可证，而该许可证只有在开发计划被批准之后才会获批。此外，场地平整许可证颁发前还需要提供产权用地所涉及的树木保护规划。1996年，约瑟夫·武伊尼奇按照树木种植的要求，出版了一本手册，用以指导业主和开发商准备树木保护规划，进行新的景观设计，以及在新开发项目中选择和种植行道树。

重新修订了新建街道的法规条款，取消了对街道坡度的特定数值要求。满足这一要求曾经是开发商对整个场地进行重新平整的重要原因。取而代之的是，对街道及其坡度的设计成为场地整体设计的一部分，并作为土地细分审批流程的一部分进行审查。然而值得一提的是，任何大于8%的街道坡度提案都需要经过完整的技术审查才能获得批准。

城镇中心详细规划的批准标志着怀尔德伍德将重新分区，以适应该规划中所要求的各种用途。该规划为整个地区绘制了不同的分区，包括商业区、办公区和一系列不同密度的社区，开发项目一旦获得批准，这些分区就会被正式采用。怀尔德伍德还出版了一本手册，用来展示该市在城镇中心所寻求的开发类型。

建筑审查委员会对怀尔德伍德的所有开发项目拥有管辖权，但独户住宅地块上的房屋除外。规划委员会将提案提交给建筑审查委员会，该委员会在审批过程中向规划委员会提供建议。建筑审查委员会在说服开发商，使其提案符合城镇中心规划方面发挥了非常重要的作用。

许多其他的郊区社区在发展上都可以采取与怀尔德伍德类似的策略。

【补充阅读建议】

肯尼斯·T. 杰克逊（Kenneth T. Jackson）所著的《马唐草边疆，美国的郊区化》（*Crabgrass Frontier, The Suburbanization of the United States*）一书由牛津大学出版社于1984年出版，该书对美国郊区开发中为何存在不平等现象作出了重要解释。本书的第11章“联邦补贴与美国梦，华盛顿如何改变了美国的住房市场”（Federal Subsidy and the American Dream, how Washington Changed the American Housing Market）包含了关于政府红线政策的重要原创性研究。另一个关于郊区是如何变成今天这样的有用解释包含在由Henry Holt出版社于1997年出版的《变化的场所，在无序扩张时代重建社区》（*Changing Places, Rebuilding Community in the Age of Sprawl*）一书的第2章“美国的错位”（The Misplacing of America）中（第36～74页）。该书由理查德·莫（Richard Moe）和卡特·威尔基（Carter Wilkie）合著。

关于如何修正会使郊区持续扩张的法规，可以参阅乔纳森·巴奈特和布莱恩·布莱泽合著的《重塑开发法规》一书的第3章“通过混合土地用途和住房类型来鼓励步行”（Encouraging Walking by Mixing Land Uses and Housing Types）（第75～104页）以及前文曾提及的第1章“将开发与自然环境相联系”。

【注　释】

[1] 我早些时候曾写过一篇关于怀尔德伍德规划的不太完整的文章“怀尔德伍德如何把握未来”（How Wildwood Took Hold of Its Future），*Planning,* Vol. 64, November 1998: 15-17.

[2] 到2020年，怀尔德伍德的人口估计为35397人。

07

重塑郊区开发

REINVENTING SUBURBAN DEVELOPMENT

许多设计师和规划师对二战前的郊区开发表示认同。至少对于那些有经济能力的人们来说，那时的郊区有生机勃勃的城镇中心和适宜步行的街区，这与之后出现的以汽车为中心、分散化的郊区发展模式形成了鲜明对比。促成这种开发模式的是一种默认的体系——对自然环境视而不见，过度割裂土地使用和开发密度。在前一章中，密苏里州（Missouri）怀尔德伍德的故事说明了人们可以通过保护自然环境，将商用建筑、联排别墅和公寓引导到一个适宜步行的城镇中心等措施，从而避免当前开发中最糟糕的境地。

然而，把时钟拨回至3/4世纪之前是不可能的，对大多数人来说，在分散式郊区开发的进程中唯一切合实际的出行方式便是开车。一些人可能会把车停在怀尔德伍德城镇中心，然后步行前往其他的目的地，但他们不得不回到车里进而回家或前往其他地方。在怀尔德伍德的一个社区，规划主管曾说服学区建造一所小学，但最后仅有少数孩子可以步行或骑自行车上学，大多数孩子仍然依靠父母或校车接送他们上学。同样地，即使住在怀尔德伍德适合步行的某个街区，拥有车或使用乘车服务仍是不可避免的。

丹尼尔岛（Daniel Island）的创新式郊区开发

南卡罗来纳州（South Carolina）的查尔斯顿（Charleston）有一个保存完好的、适合步行的市中心，这也是它成为主要旅游目的地的原因之一。但要保持查尔斯顿市的成功，需要的不仅仅是经营市中心的开发，（中心以外的区域）对于该地区的旅游业和经济活力也同样重要。查尔斯顿在担任市长的40年任期内，一直也在寻找机会吞并周边的郊区以增加该市的税收基础。当莱利上任时，这座城市占地18平方英里（约47平方公里），比这座历史悠久的中心仅约5平方英里（约13平方公里）的版图略大。截至2020年，该市的领土面积达到128平方英里（约332平方公里）。这些吞并一直存在争议，一些人认为它们已经耗尽了这个历史中心的资源。[1]然而，保持小规模、让城市被外部不可控的开发包围，显然会带来更多的问题。也正因为如此，查尔斯顿凭借其在传统城市设计层面的强大遗产，成为区域内大片分散式郊区的集中经营者。

当大片空地涌现并亟待开发时，查尔斯顿也抓住时机批准了一种不同类型的城市设计。丹尼尔岛（Daniel Island）是位于查尔斯顿附近占地4000英亩（约16平方公里）的田野和沼泽地，其在1947年被哈利·弗兰克·古根海姆（Harry Frank Guggenheim）以7万美元（相当于当今的87.3万美元）的价格买下。古根海姆家族将这片土地用作牛牧场和渔猎胜地。1971年，古根海姆去世后，丹尼尔岛的所有权归入了他创建的一个基金会。随着查尔斯顿地区的开发越来越靠近这座岛屿，乔·莱利时不时也会与基金会讨论吞并的问题。据莱利所言，他们始终觉得时机未完全成熟。最后，在马克·克拉克高速路（The Mark Clark Expressway）横穿该岛的计划即将定稿之际，莱利在未提前咨询基金会的情况下吞并了该岛。他需要得到吞并地区内75%的土地所有者的同意，并需要同时将周边一部分土地纳入兼并范围来实现这一目标。1990年12月28日下午5点，他召开了一次紧急市议会，吞并事宜在会议上获得批准。

莱利告诉我，基金会的第一反应是把市政府告上法庭，但在几经审视之后，他们最终决定接受莱利提供给他们的“报价”，即政府将负责主要的道路，供水和污水处理，并为公园及其他设施投资。市政府当时这一大胆而充满争论的承诺，为后续带来了大量的应税住房和商业开发项目。

随着吞并的进行，基金会选择了一个顾问团队来规划岛屿的开发。该团队由位于汉密尔顿（Hamilton）的拉比诺维茨和阿尔舒勒（Rabinowitz and Alschuler）公司的约翰·阿尔舒勒（John Alschuler）管理，成员包括奥林匹亚和约克地产公司（Olympia and York Properties）、查尔斯顿房地产公司（Brumley Company）、库珀—罗伯逊及合伙人事务所（Cooper Robertson & Partners）的贾克林·罗伯逊（Jaquelin Robertson）和布莱恩·谢伊（Brian Shea）、设计实施顾问杜安伊/普拉特–兹伊贝克公司的伊丽莎白·普拉特–兹伊贝克、景观设计师沃伦·伯德（Warren Byrd）、环境工程师托马斯和赫顿（Thomas & Hutton）以及交通顾问沃伦特·拉弗斯（Warren Travers）。

我记得基金会在查尔斯顿的律师亨利·斯迈思（Henry Smythe）开着他的老式旅行车载着我们中的一部分人在岛上转了一圈。高速公路的高架桥已经建好，将路面高度加以提升，从而跨越万多河（Wando River）。但在地面层，该岛仍然是其原本用来狩猎时的样子。

两三英尺（约0.6～0.9米）高的野草覆盖着田野和旧路。根据亨利对这个岛的了解以及野草高度的细微差别，他能准确地说出每一条路的位置，并且从未转错弯。

马克·克拉克高速公路（I-526）将该岛一分为二。高速公路以北的土地最具吸引力。多年来，丹尼尔岛的南端一直在缓慢扩大，所用的泥沙材料都是从查尔斯顿港以及库珀河（Cooper River）和旺多河（Wando Rivers）的河道中挖出来的。岛上的一部分土地主要由淤泥构成，并且仍在沉降。早期，南卡罗莱纳州港务局（Ports Authority of South Carolina）就明确希望将该岛南端这片被填平的土地以及库珀河沿岸的土地用作未来潜在的集装箱港口。约翰·阿尔舒勒的建议是不要试图与港务局对抗，而是将集装箱港口纳入规划的一部分。总体规划中的查尔斯顿市区域公园在港口用地和该岛南部其他区域之间形成了一个缓冲区。阿尔舒勒坚信，当局在丹尼尔岛获得的土地可达性过低以至于无法开发成为集装箱港口，而他的判断是正确的。1999年9月，南卡罗来纳州港务局确实提案在丹尼尔岛的土地上建造一个集装箱港，取名“全球之门”（Global Gateway）。该开发项目需要从北查尔斯顿的一个枢纽站拉来一条新铁路线，同时也会对当地的道路交通造成重大影响。拟建铁路沿线的社区立即表示反对，立法机构也对如何为必要的港口基础设施提供资金提出了质疑。2000年6月，南卡罗来纳州议会（South Carolina General Assembly）投票决定，要求港务局在丹尼尔岛上修建码头或铁路之前必须获得议会批准。[2]港务局最终决定利用库珀河对岸的前北查尔斯顿海军基地的一部分土地建造新的集装箱码头，那里已经有了一条潜在的铁路连接线，而且可以直接通往高速公路。当局已表示，丹尼尔岛的土地对于市里而言是多余的、不适合开发的。目前，他们仍在用它来疏浚港口的废土。

高速公路立交

该计划的一个关键部分是高速公路立交的位置和布局形式，它将把丹尼尔岛从一个偏远区位转变为查尔斯顿地区的中心区位。该立交距离历史中心15英里（约24公里），距离机场8英里（约13公里）。在托马斯岛（Thomas Island）的西边有一个正在建设的高速公路立交，但丹尼尔岛本身没有立交。

该州已经为岛中心的传统苜蓿叶形高速公路出入口绘制了一些初步图纸，服务于该岛的当地南北道路则通过一座桥梁横跨过高速公路。

通常发生的情况

曾被刘易斯·芒福德（Lewis Mumford）誉为“美国国花”的苜蓿叶形立交是有限出入口的高速公路与地方道路之间交叉口的典型构造形式。高速公路立交处的环形入口匝道被设计得尽可能紧凑，以尽量减少须购的土地数量。这些立交口通常赋予周围土地巨大的价值，因为它们为高强度的城市发展开辟了空间。

随着新立交周围的土地可达性陡增，开发商很可能会与当地政府接洽以探讨改变当前农业用地或大地块住宅用地的区划议题。乐于看到更高财产税收入前景的当局，则很可能会重新调整区划，进行高强度的商业开发，并允许新建购物中心、酒店和办公楼。新法规一般适用于整个立交区域，以体现对其分割出的4个象限的所有业主的公平性。正因为有如此多的可用土地，结果通常是建筑布局松散，每个建筑都被自己的停车场所包围。从立交桥分割出的一个象限的办公楼去另一个象限的购物中心吃午餐需要开车；任何想从一个目的地走到另一个目的地的人，都必须避开许多行驶中的车辆。立交入口匝道内的空地成为新开发项目最重要的设计特征。

丹尼尔岛立交设计的替代方案

由于丹尼尔岛的所有土地都属于一个所有者，我看到了一个机会，可以将我在区域规划协会（Regional Plan Association）会议上提出的、并拟在本人的著作《破碎的大都市》中倡导的传统立交替代方案的想法付诸实践，目的就在避免高速公路立交周边通常出现的分散式开发现象。[3]替代方案可以将高速公路的出入口作为丹尼尔岛城镇中心不可分割的一部分，并使城镇中心与丹尼尔岛的其他部分保持无缝连接。

马克·克拉克高速公路在上升过程中成为一座桥梁，横跨万多河向东南延伸。连接岛屿南北两部分的主干道可以从高速公路下方穿过，成为城镇中心街道系统的一部分。高速公路的上下匝道可以连接到主干道上，这样驶下高速公路就可以直通社区中心。这种非常规方案的优点是建造成本比常规立交低得多，最终南卡罗来纳州交通部（South Carolina Department of Transportation）同意了这一方案。当然，这在很大程度上要归功于我们的交通顾问沃伦—特拉弗斯（Warren Travers）的有效宣传。新立交项目的实际资金是丹尼尔岛西南部转让给港务局的协议的一部分，港务局可能会将其作为集装箱港口。新立交还使我们能够在市中心步行范围内规划一个办公园区。尽管规划团队受到了传统模式的影响，我们仍然认为办公园区是一种有效的现代土地利用方式：离得近固然重要，但并非所有的办公空间都必须位于城镇中心。

河岸路（River Landing Drive）是高速公路的出口，也是东行车辆的入口。驶下高速公路后，可以立即右转前往费尔柴尔德街（Fairchild Street），那里是一个办公园区的入口，或者直行前往岛屿公园路（Island Park Drive）和七农场路（Seven Farms Drive）这两条城镇中心的主要街道。这两条街道都从高速公路下方连接到西行交通的出入口匝道，西行交通线紧靠高速公路且不作为用于开发的区域。2022年的鸟瞰视角显示，当时开发工作已接近尾声（图7.1）。中央岛街（Central Island Street）是新立交系统的一部分，这张沿中央岛街的视角展示了典型的郊区建筑群落，它们通常位于孤立的地块，却也构成了可步行的城镇中心的一部分（图7.2）。零售中心的停车场位于该街区内。这一视角显示了从零售中心停车场通往七农场大道的出口。七农场大道是岛上的一条主干道，也是新立交系统的一部分（图7.3）。

自然环境和正在上升的海平面

丹尼尔岛周边大部分地区都是沼泽地，我们的计划是保持沼泽地不被破坏。由于这些沼泽地都在南卡罗来纳州海岸委员会（South Carolina Coastal Council）的管辖范围内，我们无论如何都很难改变它，但我们将沼泽地看作开发提案框架中的一个积极要素。几年前，岛上的许多树木被飓风雨果（Hugo）吹倒，剩下的树木，特别是当初通向岛上既有房屋而平行种植的树列，都被尽可能纳入到了规划中。我们意识到将来潜在的海平面上升的可能性。规划中旨在确保该岛的开发部分在海水上升3英尺（约0.9米）后仍高于海平面，当时预计要到21世纪末才会出现。

利用沼泽作为天然排水系统来管理暴雨和洪水也是总体规划概念的一部分。托马斯和赫顿事务所（Thomas & Hutton）的查尔斯顿办事处建议将暴雨排水沟的直径调整到大于最低要求，并将排水系统设计成通过沼泽地排空洪水的蓄水区，在雨水流入库珀河或万多河之前对其进行过滤。所有的开发项目与沼泽边缘之间还留有20英尺（约6米）的缓冲区。迄今为止，丹尼尔岛经历了各种类型的大风暴，但是道路和建筑物没有受到严重的洪水破坏。[4]倘若像1989年雨果那样强烈的飓风直接袭击丹尼尔岛，无疑将会造成更严重的破坏，而海平面的上升也会逐渐淹没这些具有保护性功能的沼泽地。在未来的某个时候，该岛将需要防洪墙来取代沼泽地。

基于邻里社区的规划

我们在岛上的住宅开发规划为一系列适合步行的邻里社区，这些社区与一个通往大片保护地和公园的步道路径系统相连接。街道、公园和地块的最终布局是由库珀–罗伯逊及合伙人事务所的布莱恩·谢伊设计的。高速公路以北一直被视为最有价值的土地，规划以乡村俱乐部和高尔夫球场为中心要素，周围簇拥着配套有公园和小径的可步行社区。这里有大量的高尔夫球场和高尔夫球社区；很显然，丹尼尔岛提供的服务是与众不同的。丹尼尔岛俱乐部（Daniel Island Club）是查尔斯顿唯一的36洞高尔夫球场综合体，同时配备有汤姆·法齐奥（Tom Fazio）和里斯·琼斯（Rees Jones）设计的锦标赛级球场。丹尼尔岛，尤其是北丹尼尔岛（North Daniel Island），作为第二居所和退休社区在全美国层面都拥有市场，这在最初的计划中是有所预期的，但也是不确定的。

实施规划

当总体规划得到了查尔斯顿市的批准时，与约翰·阿尔舒勒一起合作负责规划过程的马修·斯隆（Matthew Sloan）作为基金会的项目经理搬到了查尔斯顿。1997年，在该计划获得批准并开始建设后，该基金会将这块地产卖给了丹尼尔岛公司（Daniel Island Company）。马特·斯隆和弗兰克·W.布鲁姆利（Frank W. Brumley）成为首席运营官和老板之一。丹尼尔岛开发项目的投资者包括乌鸦控股（Crow Holdings）[特拉梅尔·克劳家族（Trammell

图7.1 从丹尼尔岛中部的鸟瞰视角可以看到右侧的高速公路立交，其入口匝道与镇中心的街道融为一体，而并未形成通常的高速公路苜蓿叶形状的窄圈；左侧为最初的两个住宅区；

城镇中心的建筑物沿街排列，除了商店外，还分布着办公楼和一座公寓型综合体；在地面层，停车场是景观化的，但从空中看，它的范围很明显；将来，如果越来越多的人居家工作，越来越少的人每天到办公室上班，被停车场占用的部分土地可能会用于建造更多的办公楼或承担其他用途；

城镇中心的居住型综合体和位于西南方向的另一个居住型综合体，都将停车场设在多层车库中，但是靠近城镇中心西南河滨区域的更小的公寓楼却有地面停车场，尽管良好的景观化处理使得其从地面层看是隐藏在街区环境中的，但其范围在空中看仍然很明显；立交附近的主要街道都很宽阔，但到了位于航拍图中左侧的这片居住区，却实现了比之更窄、绿树成荫的街道连接关系；

与大多数郊区开发项目相比，丹尼尔岛已经是一个很大的进步，但它仍然以汽车为中心，这也是当下郊区生活不可避免的一部分

图7.2 丹尼尔岛城镇中心（Daniel Island Town Center）内的一条街道，通往办公楼及一栋公寓型综合体；该地区适合步行，但街道仍然需要有足够的宽度，以容纳郊区高峰时段的交通；未来，这种宽阔的街道所占用的部分空间有可能被重新用于雨洪管理

图7.3 丹尼尔岛城镇中心零售区域景观停车场的单向出口街道；景观停车场位于街区内，在这里停车可以步行到达多个目的地；从图中可以看到位于城镇中心停车区之间的一个湖泊，这减少了一次性可见的停车数量，但在停车需求的驱动下，停车场的开发仍在扩张

Crow Family）的控股公司]、灰星资本合伙公司（Greystar Capital Partners）和J. 罗纳德·特威利格（J. Ronald Terwilliger）[特拉梅尔·克劳住宅公司（Trammell Crow Residential）的时任董事长]。

设计最初的邻里社区

最初的两个社区是在高速公路互通立交建成之前开发的，位于当地街道和托马斯岛立交都可以直达的位置。布莱恩—谢伊最初的规划被重新设计并加入了更多细节，在房屋之间适时地铺设小径，这样人们就可以步行到沼泽地边缘。社区娱乐中心建在两个邻里社区之间，步行和驾车均可到达。其中一个社区中有一个小型的城市公园，另一个社区则以一个较大的半圆形公园为中心。它们位于图7.1鸟瞰视角的左侧。

然而，住在丹尼尔岛上的人仍然需要用车。总体规划要求社区的车库要么从小巷到达，要么当车库面向主要街道时，至少要从房屋正立面向后退25英尺（约7.6米），从而尽可能保持人行道不受车道的干扰。在当时的查尔斯顿郊区市场上，围绕步行街建造房屋还是件新鲜事，对美国的大部分地区而言也并不常见。如今，至少在新城市主义者的开发项目中，这样的规则已是意料之中的。但在当时，对于建筑商来说，既没有与车库要求相匹配的建筑图库，也没有与我们在丹尼尔岛上布置的那种窄长型地块相匹配的建筑图库。马特·斯隆委托一家经验丰富的规划服务公司绘制了一系列符合指导方针和地块要求的图纸。这些图纸被纳入了第一套建筑和景观设计导则中，以供建筑商使用。我撰写了第一套建筑导则。我避免了在历史层面作过于繁琐细致的表述，而是建议采用提取自南卡罗来纳州传统住宅建筑的元素和比例，这或多或少也是大多数开发商已经在建造的。如果开发商想使用某种历史元素的细部，导则提倡的是真实性，比如要求百叶窗是可调节的，并且在关闭时能覆盖住窗户的开口。一些建筑商起初抱怨额外的硬件成本，但事实上他们也可以选择完全不使用外部百叶窗。如今，可开启的百叶窗被认为是岛上房屋的卖点之一。第一批邻里社区的房屋在转售时的价格是初始的三倍多。

城镇和社区中心

高速公路以南的七农场大道被规划为既是城镇中心的主干道，

又是城镇主要机构的集聚地。英格兰主教中学（Bishop England High School）已经超出了其在查尔斯顿市中心的旧址范围，丹尼尔岛公司为其捐赠了位于第二街区半圆形公园对面的一块地。这所高中是岛上早期开发的项目之一，它的存在对购房者产生了巨大的吸引力，搬到丹尼尔岛的人都希望自己的孩子能上这所高中。伯克利县学区（Berkeley County School District）在岛的南端建造了一所K-8级学校，与周边许多社区之间保持着舒适的步行距离，同时也紧挨着查尔斯顿公共图书馆分馆。在州长公园（Governor's Park）旁有一个紧贴着城镇中心北侧的娱乐中心，该中心由查尔斯顿市建造和运营。那里还有一家面向1～4岁儿童的私立早期儿童保育中心（Early Childcare Center），即丹尼尔岛学院（Daniel Island Academy）。

丹尼尔岛公司还努力使市中心的商业建筑至少达到两层高，这一点非常重要，因为建筑需要与街道和街区的比例相协调——这里的街道和街区实际上也是高速公路立交的一部分；因此，它们的宽度也必须相应增加。市场早已习惯了单用户、独立产权且一层高的商业建筑模式，所以要同时把租户和开发商聚在一起实现两层高的建筑开发需要耐心和智慧。丹尼尔岛公司自己的办公室最初就位于一家银行的二层。马特·斯隆说："今天，我们遇到的问题恰好相反，我们不得不一直告诉人们高度限制是4层楼。"丹尼尔岛市中心的立交将人们从四面八方吸引到这里，加上办公园区的存在，使得一个真正的市中心零售中心发展起来，这里有专卖店、多样化的餐馆以及当地的便利店。

城镇中心的建筑导则要求建筑物"守住街墙"，即沿着靠近人行道的建至线建造。市中心有一个加油站，但加油泵位于街区内部，藏在街角人行道处的联合便利店后面。超市及其停车场也位于街区中间，紧邻高架公路，因此停车场并不面向主要街道。查尔斯顿景观设计公司设计组（Design Works）和建筑师克里斯·施密特（Chris Schmitt）都是该地区的专业公司之一，他们与马特·斯隆合作，在项目的实施过程中解决详细的设计和规划问题。

丹尼尔岛现有约7500个住宅单元，包括位于城镇中心的4层公寓楼和一些保障性住房。岛上已建成100万平方英尺（约9.3公顷）的办公空间，其中包括移动电话公司森科姆（SunCom）、一个医疗保险公司办公楼和国家高尔夫球场业主总部。另一家科技公司布莱克波（Blackbaud）将其办公室搬到了城镇中心的一栋更大的楼宇中，原来的大楼以及位于原大楼隔壁、由其赞助的一个足球场现已被拆除，并被改建成公寓楼。位于市中心区对面海滨的家庭圈网球中心（Family Circle Tennis Center）仍是一个地区性的旅游景点。[5]

实施策略

丹尼尔岛高速公路立交能成为一个原型范本吗？要想将立交桥与其周围可能出现的开发项目相结合，就需要在高速公路开通并投入使用之前进行规划，这时高速公路及其立交桥的工程图纸甚至还在编制过程中。可以通过分管高速公路建设的州政府机构，为每个拟议的新建立交桥周围的管辖区提供规划拨款。然后，当地政府可以制定总体规划，将可步行、多功能、高强度的开发集中在立交的一个象限内，以方便人们从四面八方到达，进而可能成为一个多功能的可步行中心。立交桥附近的其他土地可以开发成房屋和公寓，而非市中心的用途。经由社区讨论和批准的总体规划将成为区划变更决策的基础。

在丹尼尔岛，连接东西向立交部分的街道能够从高速公路桥架下的地面层穿过，这显然是有帮助的，因为高速公路必须架高才能跨越万多河。立交桥周围的所有土地都属于丹尼尔岛开发公司，这也有助于其在马修·斯隆的运筹帷幄下创造永久的价值，而不仅是快速牟取利润。一个富有创新精神的开发商当然会使一个创新的街道规划更易于实现。

将高速公路抬高、并延伸得足够远，从而让当地与之相接的道路不受干扰，是另一种能够达到类似效果的做法。甚至也可以让与之相接的道路从高速公路的上方或下方穿过，尽管不太可取。关键在于出入口的设计要直接接入城市街道系统，而非局限于尽可能靠近高速的圆形匝道。

与丹尼尔岛类似的街道网络可以由当地政府制定并建立，通过公共程序实施既定的规划。通过预先规划，立交桥周围的所有土地都可以成为特别区划地区的一部分，或者土地所有者可以为他们共有的财产成立一个开发公司，并将设计批准为规划单元开发。高速公路立交的长期优势在于与它所产生的房地产无缝结合，这在丹尼尔岛已经得到了清晰的印证。

丹尼尔岛的规划从一开始就考虑到了未来海平面上升的问题，尽管30年后回过头来看，当时的科学预测还是过于乐观了。然而，到目前为止，丹尼尔岛仍然能够幸免于风暴的侵袭。倘若换作一种更加传统的开发方式，可能就被淹没了。

办公楼、包括一部分经济适用房的公寓楼以及零售中心是社区中不可或缺的组成部分。它们虽然是典型的郊区建筑，却是由相连的街道和公园所构成的完全不同的开发语境的一部分。丹尼尔岛的住宅区都是可以步行到达的，并与公园和开放空间紧密相连，学校、图书馆和娱乐设施也都近在咫尺。岛域面积大且所有权单一使得这种创新的郊区开发模式成为可能，当然也受益于查尔斯顿市的支持。然而，虽然丹尼尔岛一直在进行郊区建设，却还是由大片独栋住宅、带状商业、孤立的办公楼或其他商业开发项目所构成。同样的投资本来可以被重新引向一个更佳设计的结果。

【补充阅读建议】

琼·威廉姆森（June Williamson）和埃伦·邓纳姆·琼斯（Ellen Dunham-Jones）合著的《改造郊区的案例研究：应对紧迫挑战的城市设计策略》（*Case Studies in Retrofitting Suburbia: Urban Design Strategies for Urgent Challenges*）（Wiley出版社，2021年出版），是继同一作者于2011年出版的早期著作《改造郊区：重新设计郊区的城市设计解决方案》（*Retrofitting Suburbia: Urban Design Solutions for Redesigning Suburbs*）之后出版的另一部著作。最新出版的这本书汇编了美国32个已完成项目的规划和照片，并通过几个章节介绍了从案例中提炼出来的策略。这些城市设计策略并不关乎物理空间设计，而是着眼于改善公共健康、支持老龄化人口以及帮助社区争取就业机会。其中一些案例描述了对现有郊区开发项目的改造，而其他一些则描述了替代大型现有项目（包括公园、购物中心和办公园区）的新开发项目，因为这些项目已超出其原始用途或设计范围。由加里娜·塔奇耶娃（Galina Tachieva）撰写的《蔓延郊区修复手册》（*Sprawl Repair Manual*）一书由Island出版社于2010年出版，该书汇集了从杜安伊/普拉特-兹伊贝克公司实践中提炼出来的改变郊区现状的设计理念。

【注　释】

[1] See Steve Bailey, "Charleston's Annexation Wars Are Over – The Suburbs Won", *Charleston Post and Courier*, April 7, 2018. Updated September 14, 2020.

[2] South Carolina Legislative Audit Council, *Issues Involved in the State Ports Authority's Expansion Plans,* March, 2002, available at https:// dc.statelibrary.sc.gov/bitstream/handle/10827/2356/LAC_Issues_ Involved_in_the_SPA%27s_Expansion_Plans_2002_Summary. pdf?sequence=5&isAllowed=y.

[3] See Jonathan Barnett, "Accidental Cities or New Urban Centers", in *The Fractured Metropolis: Improving the New City, Restoring the Old City, Reshaping the Region* (New York: Harper Collins, 1995), pp. 17–46.

[4] Elizabeth Bush, "Daniel Island Scores Another Good Report Card after Irma, But Why?" *The Daniel Island News*, 09/20/2017.

[5] I wrote an earlier and much less complete account of planning Daniel Island, published as "Charleston Annex", *Urban Land,* Vol. 66, August, 2007: 100–103.

ROADS CONNECT
WHERE POSSIBLE

SITE RESERV
FOR CIVIC
BUILDING

I. SHORT FACE OF
BLOCKS ALONG
BOULEVARDS

ARD

BOULEVARD

ONLY NEIGHBORHOOD
SHOPS & INSTITUTIONS
AT THE CENTER
THE BUS STOPS
HERE

ND

II. WORKSHOPS
AND OFFICE
ALONG
BOULEVARD

MIXED USE
STREET ANCHORED
BY CORNER SHOPPING
DISTRICT

08

在郊区使用快速公交系统

USING BUS RAPID TRANSIT IN SUBURBS

有没有办法让美国的郊区发展减少对汽车的依赖呢？也许是有的。快速公交系统（以下简称为BRT）在一些郊区的情形下是可行的，尤其是在已划定为商业开发的公路沿线地区。BRT是利用公交车模仿快速轨道公交的一种新方式，它可以在现有的道路和公路上运行，而且不需要昂贵的支撑结构设施。常规的轻轨服务已被证明能在沿线车站的步行距离内带动开发，但它的投资成本高昂，因为轨道交通的基础总是需要挖掘的，尤其是在任何可能出现冰冻温度的地方，基础都必须建设在冰冻线以下。

有可能成为过境线路的郊区公路所覆盖的距离太长，人口密度太低，以至于任何轨道交通在经济上都是行不通的。

快速公交系统

自1974年开始，一种相对廉价的快速交通系统首次在巴西库里提巴（Curitiba）被大规模地投入使用，其将公交汽车运行在普通街道及公路上。[1]这些公共汽车的运行配置与轻轨相同，所用的公交专用车道与轻轨占据的空间相当。这些公交站点具有气候边界，相邻站点的间距与公交线路的站点间距相当。BRT的铰接式多节公交车的载客量与轨道交通系统中的车辆载客量相当，就像轨道交通一样，乘客在上车前就已购买好车票，通过多个车门上下车。

健康线（Health Line）是一条真正意义上的快速公交系统线路，可与库里提巴的快速公交线路相媲美。它沿着欧几里得大道（Euclid Avenue）在克利夫兰市中心（downtown Cleveland）和上城大学环区（uptown University Circle District）之间运行。据估计，在2018年该线路开通10周年之际，其沿线半英里（约800米）范围内产生了95亿美元的新投资，包括建设和其他经济效益。而这条9.4英里（约15公里）长的线路建设耗资2亿美元。[2]

这张2008年的线路地图（图8.1），显示线路的中段有许多空置的土地，这种模式与许多受到线上购物和新冠疫情影响严重的郊区商业走廊的发展模式类似。健康线的中心部分穿过克利夫兰最落后的地区之一。大多数郊区的房地产市场因此变得更加强劲。

迄今为止，美国郊区的BRT都是在由废弃铁路改建而来的专用公交车道上优先通行，或是沿着公路上的共乘车辆专用道（HOV lanes）运行。这些服务提供了更快的行程，但是对改变沿线的经济发展并未带来太大的作用。一些社区声称已经在普通街道上开通了BRT，然而如果没有专用的公交车道或相邻的公交站点距离很近，同时乘客要排着队向司机出示或购买车票的活，那么这种交通运输系统的速度就不足以与轻轨相提并论。

以公交为基础的郊区发展案例

彼得·卡尔索普（Peter Calthorpe）是“新城市主义大会”（Congress for the New Urbanism）的创始人之一，他一直大力倡导必要的环境保护以维持已构建环境的可持续发展。他将交通和环境保护结合在一起，提出所有新的郊区开发项目都应集中于公交站点周围的可步行区域内。彼得为俄勒冈州千友会（Thousand Friends of Oregon）准备了一份于1992年完成的计划，该计划表明，以公交站点为中心的步行社区可满足波特兰大都市区（Portland metro region）的未来增长需求。这些房子之间的距离会比典型郊区的更近，但又不像波特兰大多数社区那样密集。该计划赢得了一场辩论——阻止了一条正在提案的新公路的开发，取而代之的是资助全新的轨道交通线路。

彼得的朋友道格拉斯·凯尔鲍（Douglas Kelbaugh）在担任华盛顿大学（University of Washington）建筑系系主任期间组织了一次研讨会，让来访的建筑师与学生团队合作，为道格拉斯所谓的“步行口袋”开展了一系列设计，“步行口袋”的概念源于1989年出版的《步行口袋书，一种新的郊区设计策略》（*Pedestrian Pocket Book, A New Suburban Design Strategy*）[3]。彼得的贡献在于较早地提出了他关于在郊区围绕交通系统来组织步行场所的构想，这些构想是他在加利福尼亚大学伯克利分校（University of California，Berkeley）的建筑工作室及他的规划实践中提出的。彼得在1993年出版的《未来美国大都市：生态、社区和美国梦》（*The Next American Metropolis: Ecology, Community, and the American Dream*）一书中发表了一张地图，描绘了公交如何为郊区发展创造一种新的结构。他用一个扇形的半圆绘制了一种新的居住区，圆的另一侧要么省略处理既有条件，要么保留给商业和工业。这些地方以外的地形应该以较低的密度开发，或者根本不开发（图8.2）[4]。这项建议并未得到足够的重视，因为人们认为不可能在这样的线路上建设常规公交系统。而投

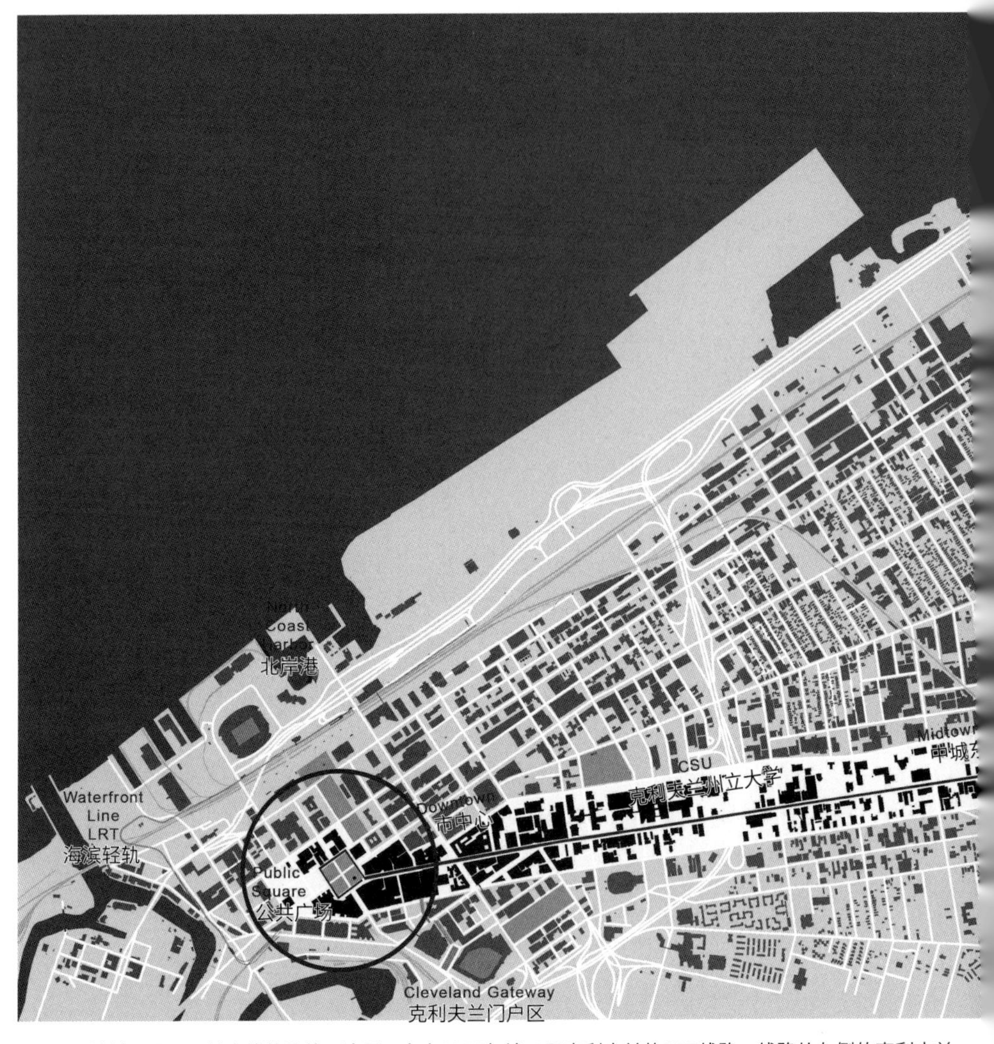

图8.1　该地图显示了健康线的路线，这是一条在2008年竣工于克利夫兰的BRT线路。线路从左侧的克利夫兰市中心一直延伸到右侧的上城大学环区。沿线中段的开发似乎与郊区商业走廊相似，建筑物之外的停车场比例很高。中转停靠站点周边地区可以从改善的交通中受益，进而获得更加密集型开发。该图由设计这条路线的佐佐木（Sasaki）公司的规划师和景观设计师绘制

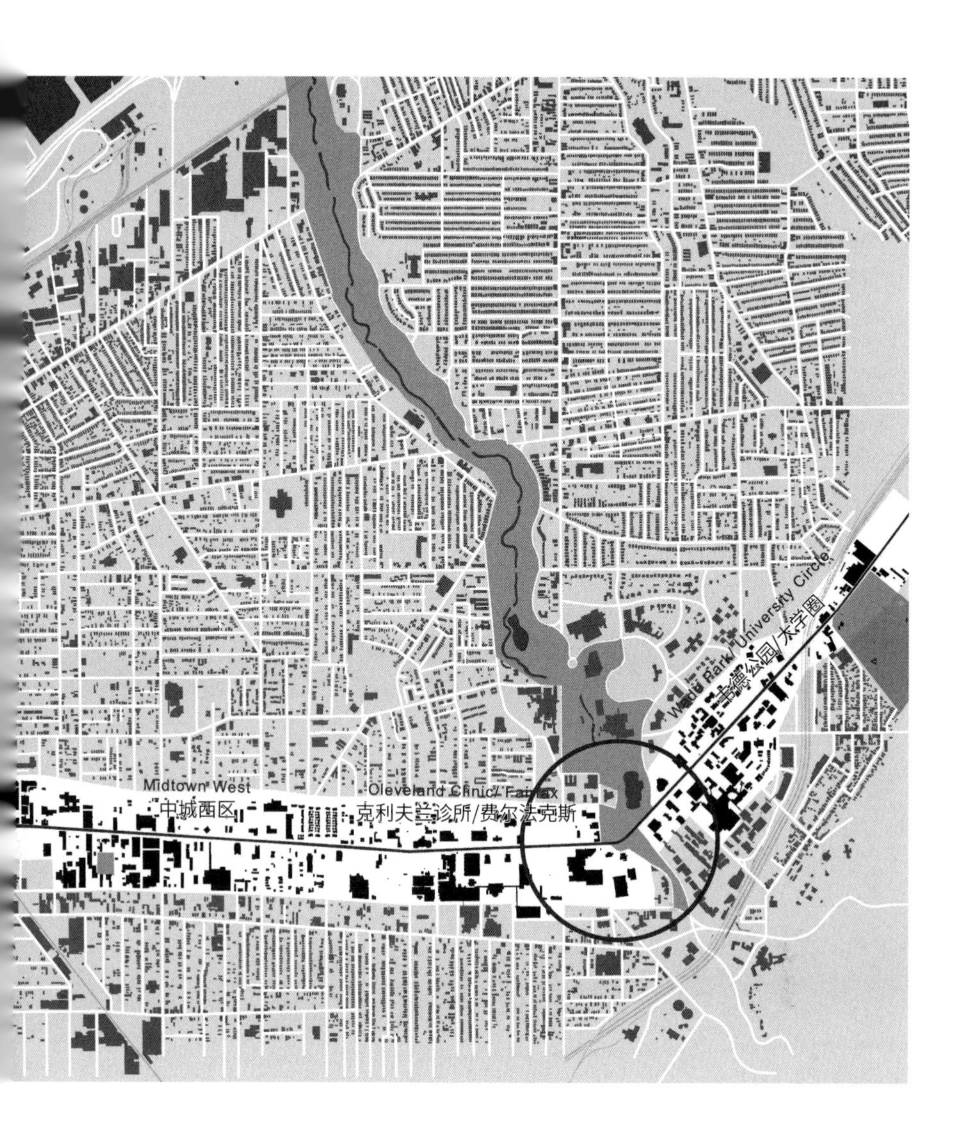
Midtown West
中城西区
Cleveland Clinic/ Fairfax
克利夫兰诊所/费尔法克斯
Wade Park/ University Circle
韦德公园/大学圈

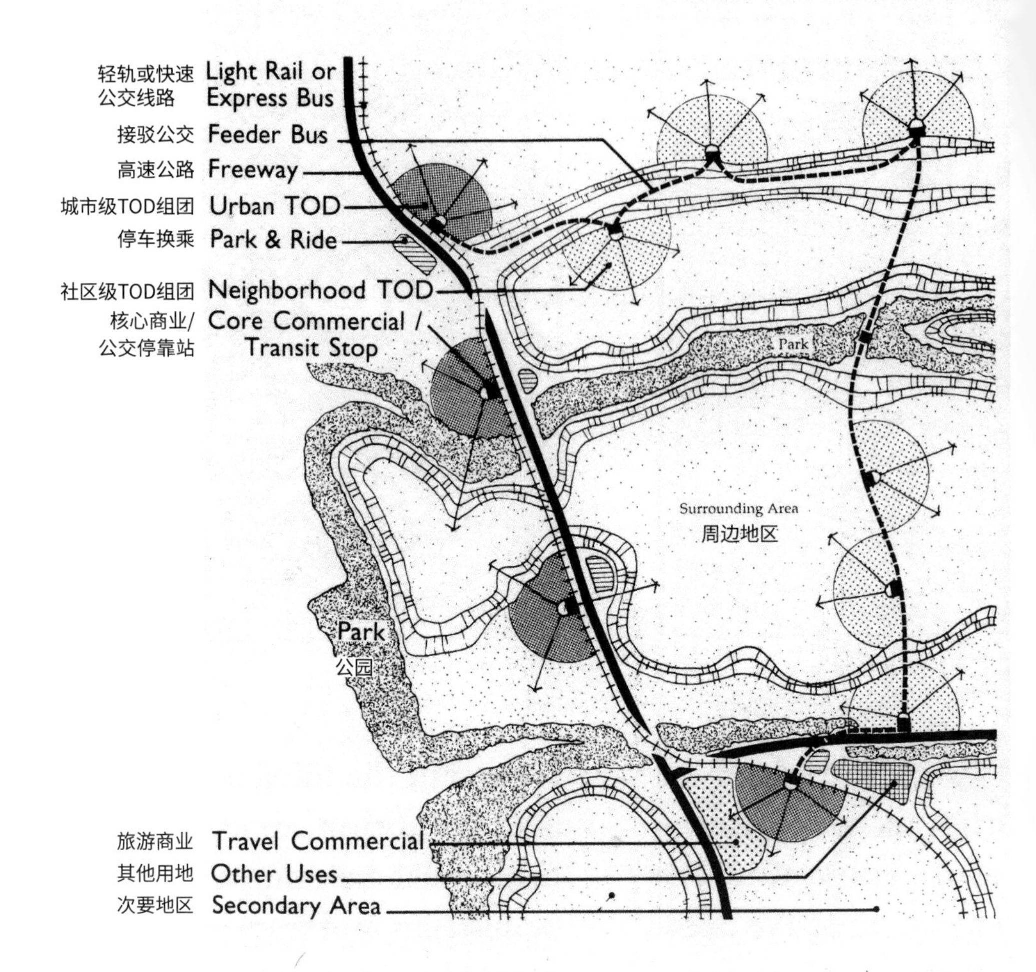

图8.2 这幅图出自彼得·卡尔索普于1993年出版的《未来美国大都市：生态、社区和美国梦》一书，书中描绘了轻轨和接驳公交线路作为一种围绕车站周边区域构建郊区增长的发展路径，而将剩余的大部分乡村地区保留为非城市化地区。事实证明，在距离如此之远、现有发展如此之少的地方，轻轨并不可行。然而，快速公交在这种情况下却可能会奏效，而且无人驾驶接驳公交线路的原型可能有着足够低的运营成本，因此也是可行的

资成本低得多的BRT却可以使这种发展模式成为可能。

彼得·卡尔索普的半圆图形是根据在拥有传统轨道交通系统的老社区中观察到的5分钟及10分钟步行模式绘制的。交通运输系统的最佳使用区域是距站点入口步行5分钟的范围。有额外影响、但影响随距离逐渐减小的区域延伸至往返站点10分钟的步行范围。有充分的资料表明，更加密集的开发发生在站点的步行距离之内。

普通的公共汽车交通似乎不能像轨道交通那样创造出同样的发展机会。在大多数地方，公交车速度太慢，班次太少，而且线路太容易受到改变，致使开发商无法根据公交车的情况做出投资决策。但在更新的轨道交通系统中，特别是在华盛顿特区（Washington, D.C.）和旧金山（San Francisco）的大都市区域，当前正在进行更密集的开发，这些有赖于有利的区划政策，也时常有赖于交通运输局重新开发的停车场地。其他许多新近修建了轻轨或有轨电车线路的大都市，也在谋求在车站周围进行TOD开发，尤其是在明尼阿波利斯（Minneapolis）和达拉斯（Dallas）大都市地区。

可步行目的地案例

对开发地区步行模式的研究显示，步行往返于交通站点的模式与之类似。人们非常愿意以每小时3英里（约4.8公里）的速度步行5分钟，这意味着步行1/4英里（约0.4公里）。如果有充分的出行理由，并且步行的过程很有趣，大多数人愿意步行10分钟，这样就能走半英里（约0.8公里）。这些数字对购物中心的设计产生了很大影响，决定了主力店之间的距离和整个购物中心的总长度。

步行距离也是克拉伦斯·佩里（Clarence Perry）在1929年发表的一篇文章中提出的著名邻里单元图解的基础。[5]他的邻里地图显示，从中心到外围步行需要5分钟，从邻里边缘穿越到另一端步行需要10分钟（图8.3）。佩里主张继续建设适合步行的邻里街区，而在当时，这种邻里模式已经受到了汽车带来的新开发模式的威胁。

彼得的图解在20世纪80年代被安德烈斯·杜安伊和伊丽莎白·普拉特-兹伊贝克改编为他们所谓的传统邻里，这个概念成为他们极富影响力的城市设计实践的关键要素（图8.4）。他们的研究表明，可步行社区是一个受欢迎的房地产概念。虽然很多人喜欢郊区本来的样子，但多达40%的房地产市场可以被吸引到杜安伊·普

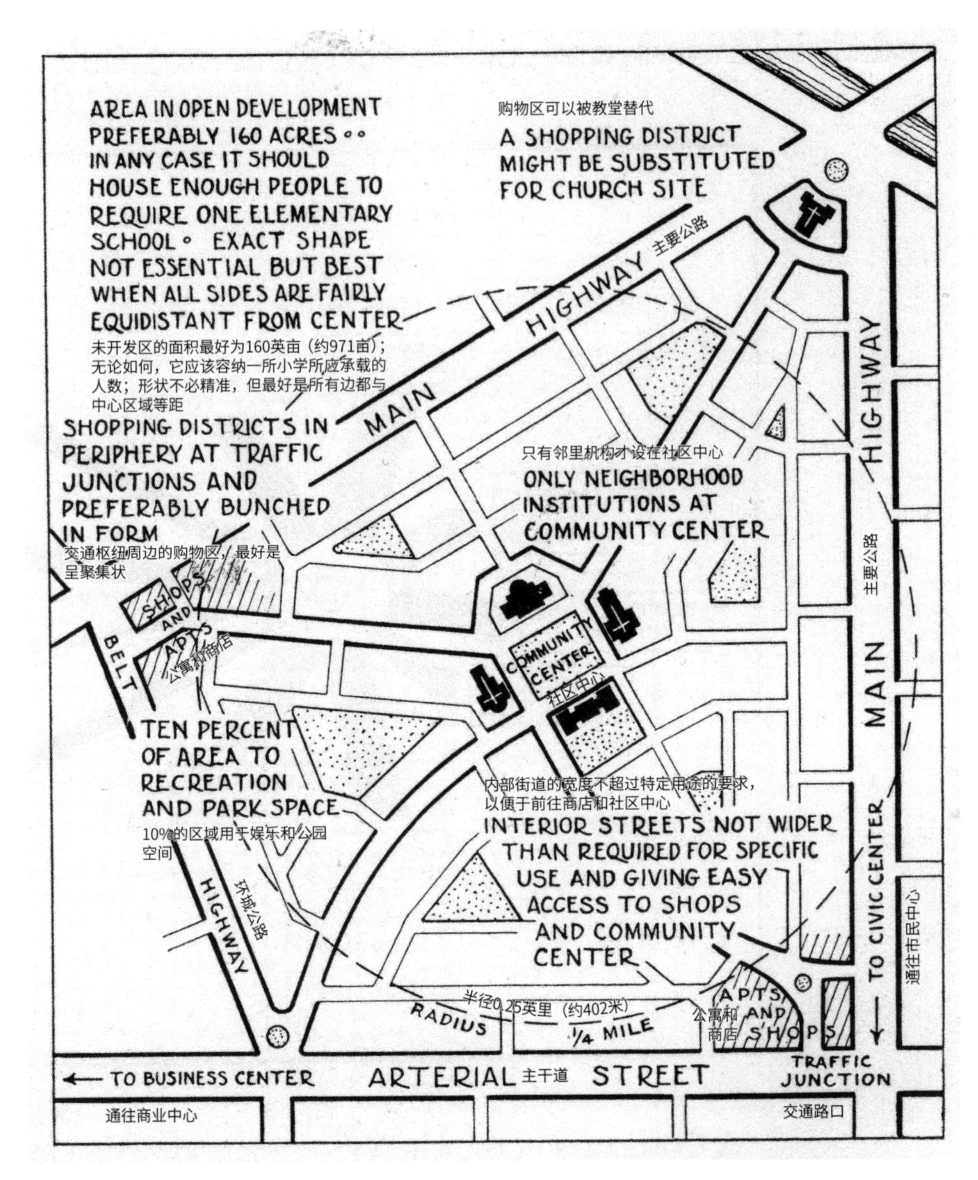

图8.3 如果郊区的发展是围绕站点的发展，那它应该是什么样子的？克拉伦斯·佩里绘制的这幅极富盛名与影响力的可步行郊区邻里示意图出自他在1929年发表的《纽约市及其近郊区域规划》（*Regional Plan for New York City and Its Environs*）一文。佩里的提案基于这样一个假设，即社区的外围与中心的步行距离不应超过5分钟，并且步行10分钟就可以穿越整个社区。根据佩里的描述，人口应该足够密集以支撑一所社区小学——但小学应该多大的问题在论文中却并未解答。有趣的是，即使是在1929年，佩里也没有想到郊区的邻里社区会得到公交系统的支持。最有可能设置公交站点的地方是图中的右下角，那里也可以为其他三个社区提供服务。5分钟步行半径将以公交站点为中心绘制。每个社区的大部分区域都在10分钟步行范围内

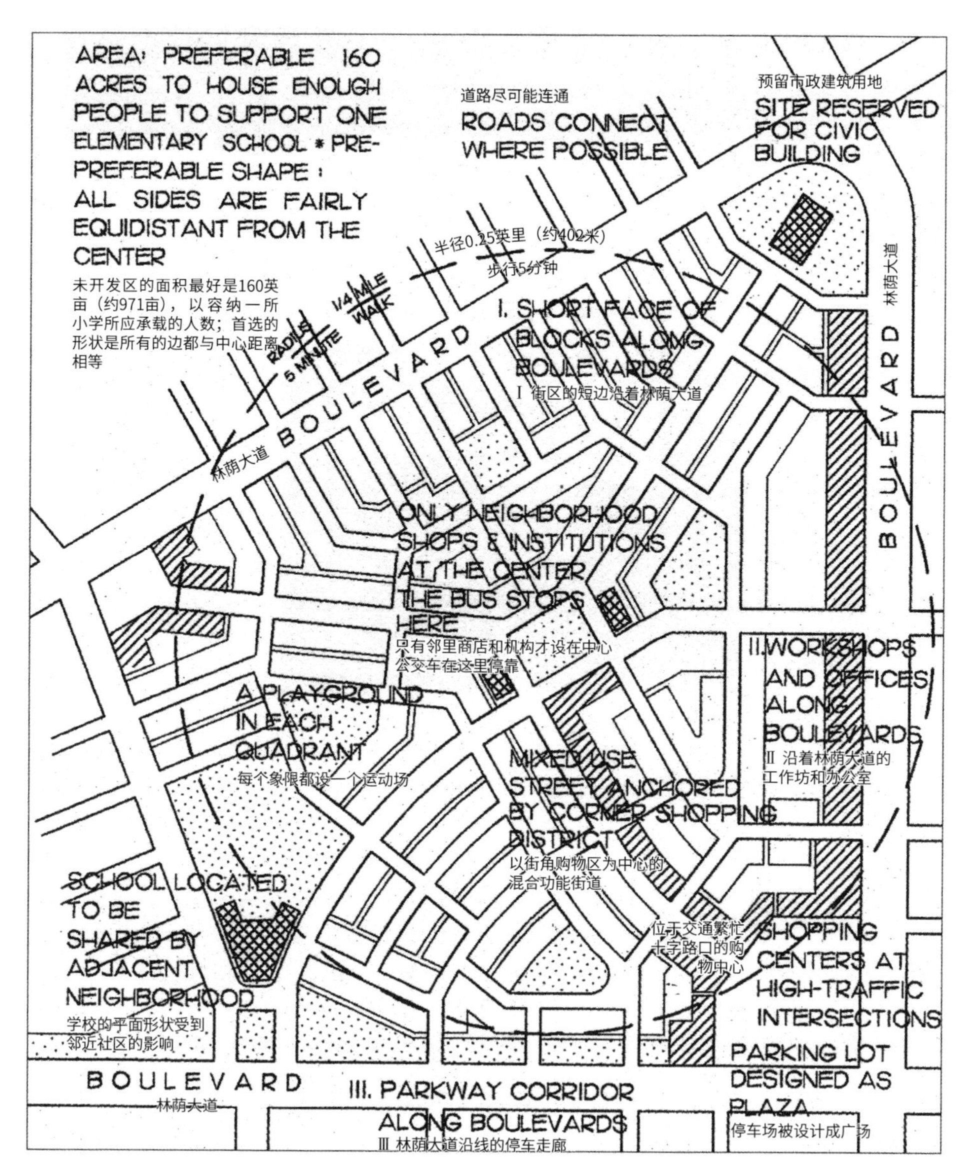

图8.4 安德烈斯·杜安伊和伊丽莎白·普拉特–兹伊贝克对佩里的图表进行了修改，以适应更多的新情况；他们所呈现出的位于社区边缘的小学是与其他社区共用的，这反映了如今的小学规模普遍大于1929年的小学规模；他们设定了公共汽车服务，并指出公共汽车在邻里中心停靠；然而，这只是本地服务，邻里中心并不适合设置BRT站点，因为通往中心的街道的宽度并不足以设置公交专用道；因此，BRT车站应该设在4个社区的交界处

拉特–兹伊贝克事务所为美国和其他国家众多开发商设计出的成功的可步行社区。[6]

安德烈斯和伊丽莎白也是1993年新城市主义大会的创始人之一，该组织一直是传统街区设计和快速公交系统的有效倡导者。

商业走廊正在成为土地储备区

人们熟悉的郊区商业走廊，即公路两旁排列着条形购物中心、连锁餐厅、汽车旅馆、加油站和小型办公楼，如今却有很多空置建筑，这源于电子商务和居家办公所带来的零售业和工作方式的革新，而新冠疫情又加速了这一进程。由于大量土地被划定为商业用途，即便地块规模再小，也倾向于鼓励为每家企业单独建造建筑。然而，这种做法导致在狭窄的区域中难以形成一个能够会聚不同功能、促进相互交流的中央区域，同时也限制了人们的便捷往来。结果是这些商业走廊的大部分成为土地储备区，再也没有足够的原始规划用途来填充它们了。

城市土地学会（Urban Land Institute，ULI），是一家由房地产行业支持的非营利性研究机构，长期以来一直致力于改善郊区商业走廊。早在2000年，我就参加了在ULI办事处举行的一次关于郊区商业带的全天讨论会，会上人们普遍认为这些商业带供过于求，并且零售空间被分割成不经济的单元。这次会议的意见被汇编成一份出版物，包含10项建议，包括将商业集中在战略要地的“脉冲式”商业开发。[7]我还参与了ULI关于在华盛顿特区外的乔治王子县（Prince George’s County）的商业走廊演替研究，这项研究也得出了类似的结论。ULI已经持续出版了有关重塑商业带开发的研究报告，并将其定义为公共健康议题。

美国环境保护局（U. S. Environmental Protection Agency）于2010年发布了另一套重塑郊区商业走廊的建议，其中意识到有过多土地被划为零售和办公用地。其中包括弗里德曼·董 + 佐佐木事务所（Freedman Tung + Sasaki）的设计，该事务所描绘了将剩余的商业开发集中在繁忙的十字路口的场景（图8.5），并将中间地带的区划由商业改为多户住宅区（图8.6）。[8]在《重塑开发法规》（*Reinventing Development Regulations*）一书中，布莱恩·布莱泽（Brian Blaesser）和我建议，通过修正大部分商业区使其允许建

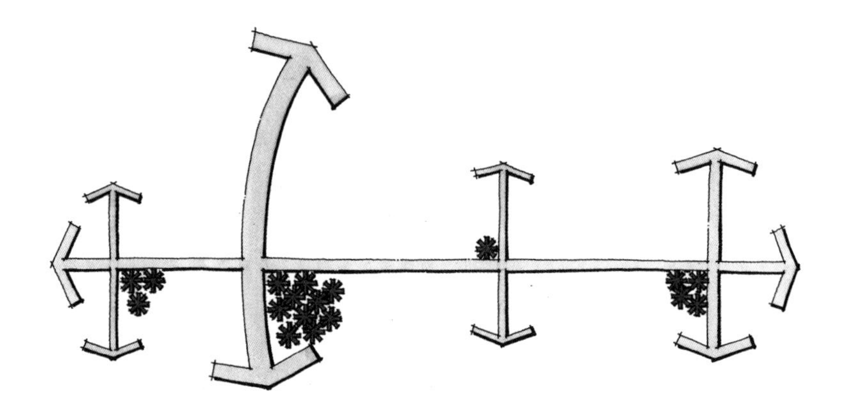

图8.5 郊区商业公路走廊沿线的开发可能发生演替，使最重要的商业用途集中在主要交叉路口

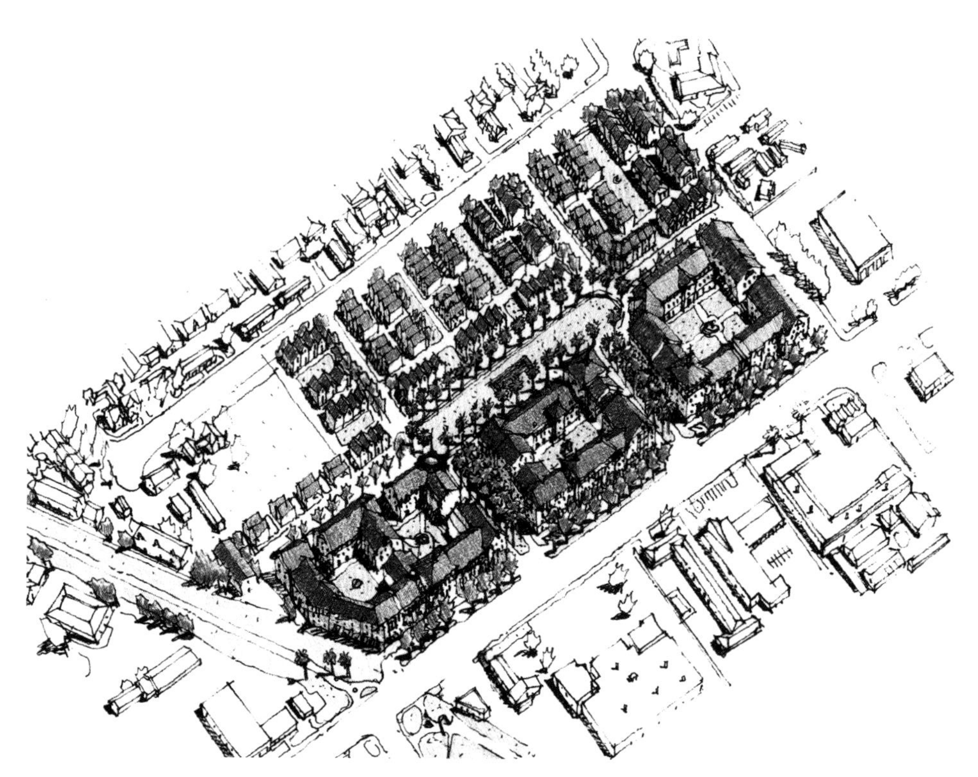

图8.6 在集中的商业开发之间，土地可以重新规划从而允许建造公寓和联排住宅。这幅图与上一幅均是弗里德曼·董+佐佐木事务所在2010年给美国环境保护局的一份报告中所绘制的

造公寓和联排住宅，同时减少甚至取消对商店和办公地的停车需求，从而使得这种开发成为可能。根据研究表明，地方法规规定的停车位数量通常远大于需求。开发商可以自由地建造他们认为必要的停车场，而不用被迫达到特定的比例。[9]

无论是ULI建议的“脉冲式”开发，还是美国环境保护局建议的在主要交叉路口集中商业用途，都可以通过支撑可步行场所的公交系统得到加强。真正的BRT有较高的服务频率、专用车道、选址适宜的车站、多个车门、并且上车前可购买车票卡等等，能够以可承受的成本支撑起适宜步行的街区和商业中心。快速公交系统的运营成本与其他公交线路并无太大区别，而支持BRT的基础设施成本，相较于街道或公路的正常成本也不会增加太多。对快速公交系统的额外投资，可以通过支持更紧凑的开发来获得回报，这种开发有助于减少城市边缘地区的增长压力，因为城市边缘地区总是需要投入大量的配套资金和基础设施。

设计健康线

我恰巧是克利夫兰健康线项目初期规划团队的一员。当时，团队由克利夫兰规划主任亨特·莫里森（Hunter Morrison）和工程公司BRW的副总裁克雷格·阿蒙德森（Craig Amundsen）领导。[10]

在欧几里得大道上运行公交的问题在于，这条大道只有不到100英尺（约30米）宽。这些空间不得不容纳人行道、双向公交线路、站点处的站台，同时还要为汽车交通留出空间。对此来说基本有两种设计方案：即公交线路紧靠人行道，或者位于街道中央。如果两个方向的公交线路都紧靠人行道，乘客就可以在人行道上等候公交车，街道上就有更多空间供汽车通行。然而，轨道交通线路紧靠路边就意味着其他车辆不能停车，也不能送货，同时，在交叉路口或在街区中间的停车场入口处转弯时均会遇到严重的交通堵塞问题。

在街道中央设置公交站点意味着要在这里修建公交站点，并从交叉路口处的人行横道处进入。车站所需的部分街道空间可以通过局部窄化车站所在位置的人行道来创造，从而形成曲化的车道。由于没有足够的空间容纳双向两车道的交通，最终的轻轨规划显示，欧几里得大道两侧各只有一条车道供汽车及卡车通行，而且没有路边停车位。

虽然我们对欧几里得大道线路的研究是针对轻轨交通的，但克利夫兰地区交通局（Cleveland's Regional Transit Authority）决定采用公交专用道取代轻轨，形成一条真正的BRT系统。佐佐木是欧几里得大道快速公交线路的规划者，该线路于2008年开通。这条线路的公交专用道位于街道中央，与我们研究过的轻轨的布局非常相似。由于欧几里得大道比一般的郊区公路窄得多，因此公交线路非常紧凑。已完工项目的鸟瞰图，显示了最终设计中公交车道、车行道、转弯车道和车站的布局情况（图8.7）。公交车站位于车行道和公交车道之间的隔离带上，乘客通过路口的斑马线到达车站（图8.8）。目前使用的公交车辆，有多个上下车出入口（图8.9）。

这条线路成功的一个重要因素是，它连接了两个重要的目的地，而中间却穿过了低密度地区。由于大多数郊区商业走廊都是沿着比欧几里得大道宽得多的街道发展起来的，因此也更容易顺应公交专用道和公交站点。在许多郊区，快速公交系统线路可以帮助重塑沿线的开发结构，同时连接两个已建立的中心。克利夫兰的健康线就是一个已经实施的例子，说明了其实现的可能性。

图8.7 这张谷歌鸟瞰图显示了位于克利夫兰欧几里得大道中央的快速公交系统专线；车站也位于行车道中央，乘客通过路口的斑马线到达车站。东行车站位于该视图的左上方，西行车站位于右下方

图8.8　这张同样来自谷歌的视角，显示了其中一个具有气候边界的站点

图8.9　健康线目前使用的车辆；如果线路需要，还可提供更长的BRT车辆

实施策略

关键战略是扩大郊区的出行选择，纳入人们乐意使用的公交系统，因为这些公交系统班次频繁，更方便到达人们想去的地方，并且兼具舒适性与经济性。建设BRT来满足这一需求的最大优势在于，与任何需要轨道的运输系统相比，它的初始成本要低得多。由于大多数社区已经经营着公共汽车服务，它们拥有的运营机构可以管理升级后的公交系统。是的，为吸引乘客所需的更频繁的服务，也意味着需要更多的公交车和司机，但随着时间的推移，这些投资可以通过提高公交站点周边的房地产价值以及为员工和顾客提供更多的出行便利来得到回报。

在允许混合用途的开发法规的支持下，在商业走廊沿线设置快速公交站点，可以促使许多令人苦恼的郊区资产向新的、更有利润的用途转变。餐馆、健身俱乐部或理发店等需要人们实际光临的零售业可以集中在有公交服务的区位。郊区通常少见的公寓和联排住宅可以填充公交站点之间的土地，并且与公交站点仍保持在步行距离之内。公交站点两侧的社区居民也能够步行前往商店和公交站点。

【补充阅读建议】

2014年，罗伯特·瑟维罗（Robert Cervero）和丹妮尔·戴（Danielle Dai）发现一项证据，表明在快速公交系统线路投入运营后，快速公交车站周围的开发密度确实增加了。他们的研究成果发表在2013年11月的《交通政策》（*Transport Policy*）期刊第36卷（第127～138页），文章以《利用快速公交系统投资进行以公共交通为导向的开发》（BRT TOD: Leveraging transit oriented development with bus rapid transit investments）为题。罗伯特·瑟维罗与铃木博昭（Hiroaki Suzuki）和鹿内香奈子（Kanako Luchi）合作，为世界银行撰写了一份题为《以公共交通改造城市：公交交通和土地利用一体化促进可持续城市发展》（*Transforming Cities with Transit: Transit and Land-Use Integration for Sustainable Urban Development*）的报告，该报告于2014年由世界银行出版。这项研究将快速公交系统作为一种交通选择，并深入探讨了公共交通与土地利用之间更为普遍的联系。

【注　释】

[1] 快速公交系统的发明可能应归功于著名的建筑师和规划师亚瑟·林（Arthur Ling），他在英国朗科恩新镇（Runcorn New Town）的总体规划中加入了一套在独立专用道上运行的快速公交系统。该系统于1971年开始运营。巴西库里提巴市市长海梅·勒纳（Jaime Lerner）同样也是建筑师和规划师，他发现了快速公交系统的潜力，并于1974年起，成功地在整个城市推广这一系统。

[2] According to an article by Grant Segall in the *Cleveland Plain Dealer,* November 4, 2018 https://www.cleveland.com/news/erry-2018/11/149927818e3851/rta-says-healthline-had-10year.html.

[3] Douglas Kelbaugh, editor, *The Pedestrian Pocket Book: A New Suburban Design Strategy*, Princeton Architectural Press, in association with the University of Washington, 1989.

[4] Peter Calthorpe, *The Next American Metropolis, Ecology, Community, and the American Dream* (New York: Princeton Architectural Press, 1993).

[5] Clarence Perry, “The Neighborhood Unit”, in *Regional Survey of New York and Its Environs, Volume Ⅶ, Neighborhood and Community Planning* (New York: Regional Plan of New York and Its Environs, 1929).

[6] Much more information about these walkable neighborhoods is available on the projects tab of the website DPZ CoDesign https://www.dpz.com/ projects/.

[7] Michael D. Beyard and Michael Pawlukiewicz, *Ten principles for Reinventing America’s Suburban Strips* (Washington, DC: Urban Land Institute, January 2001).

[8] ICF International and Freedman Tung & Sasaki, *Restructuring the Commercial Strip: A Practical Guide for Planning the Revitalization of Deteriorating Strip Corridors*, United

States Environmental Protection Agency, 2010.

[9] Jonathan Barnett and Brian W. Blaesser, *Reinventing Development Regulations* (Cambridge, MA: Lincoln Institute of Land Policy, 2017).

[10] BRW had been acquired by another firm, Dames & Moore in 1996, which merged into URS, in 1999, which, in turn, merged into AECOM in 2014.

Gateway
Girls and Boys Town
Miracle Hills
Crossroads
Midtown
Downtown
South Omaha

09

动员力量重新设计整座城市

MOBILIZING SUPPORT TO REDESIGN AN ENTIRE CITY

不同类型的私人房地产公司、地方政府、学校董事会、公共工程部门、公路工程师和交通机构无时无刻不在建造与重建城市。每天都有大量资金被投入到改变城市的进程中。但通常情况下，这些投资往往未能充分实现其应有的收益。城市设计至少可以使正在发生的不协调行动具有一定的连贯性。在内布拉斯加州的奥马哈，我有幸为城市中已经进行的投资提供更多的设计方向。

2002年，我与HDR合作完成了奥马哈“目的地中城区”城市设计计划（Destination Midtown plan），正如第4章所言。我当时正在奥马哈参加一个中城区会议，来自HDR的道格拉斯·比森（Douglas Bisson）和来自“活力奥马哈”（Lively Omaha）的康妮·斯佩尔曼（Connie Spellman）来到我下榻的酒店与我共进早餐。“活力奥马哈”是一个是由3位奥马哈商界领袖在前一年所创立的组织，这三位分别是当地主要银行的负责人布鲁斯·劳里岑（Bruce Lauritzen）、《奥马哈世界先驱报》（*Omaha World Herald*）的首席执行官兼发行人约翰·戈特沙克（John Gottschalk），以及凯威特公司（Kiewit Corporation）的董事长肯·斯廷森（Ken Stinson），凯威特公司是一家业务遍布全美国的奥马哈建筑公司。“活力奥马哈”计划是从商会（Chamber of Commerce）发展而来的，致力于提高城市在吸引和留住居民与企业方面的竞争力，康妮·斯佩尔曼也从商会的员工转任为该计划的负责人。他们希望由一位城市设计师来引领奥马哈市经历一个过程，使得更多的规划和开发决策都能以设计为依据。道格拉斯是HDR的社区规划及城市设计负责人，但HDR介入了太多地方项目，以至于无法在“活力奥马哈”计划中发挥主导作用。那么，我对开展这项工作又有什么思路呢？

我表示，要实现整个城市层面对城市设计的支持，需要有一个社区参与的过程，一步一步地解决问题，这可能需要整整一年的时间。此外，还需要成立一个咨询委员会，该委员会应包括涉及变革通过的所有利益相关者代表：社区领袖、企业高管、建设工会领袖、房地产开发商及其律师、设计和规划专业人士以及政府官员——其中至少包括1名市议会（City Council）成员和1名市长办公室成员，以及城市规划和法律部门的领导。为了主持公开会议和咨询委员会，“活力奥马哈”计划需要找到一位德高望重、公正中立的人士，并说服他担任这一职务。我需要考虑如何协调这两个过程，有几条路径可以实现这一点。

我当时刚刚成为费城（Philadelphia）一家规划与设计公司WRT的咨询负责人，这也使得我有渠道物色能协助我、也是“活力奥马哈”正在找寻的人选。但我还想再邀请至少一位顾问参与进来。同时也需要坐下来计算整个项目需要的花费，并尽快给康妮·斯佩尔曼反馈一份建议书。康妮表示，这正是他们希望我做的事情。不过，虽然她可以筹到钱，并使得提案看起来合理，但是资助者仍会坚持要求事先掌握全部的财务承诺。他们不希望在项目进行到一半时，还要面对追加资金的要求。

我首先致电罗宾逊·科尔律师事务所的布莱恩·布莱泽（Brian Blaesser）。我们曾在密苏里州（Missouri）怀尔德伍德的规划中有过一段愉快的合作，并且彼此尊重对方的意见。我向他解释了奥马哈的情况，并表示我需要他提供建议，以确保我们提出的设计和规划概念能够转化为官方计划和法规。我还需要他出席会议，以便解释法律背景并回答问题。设计师在房地产投资方的面前几乎没有可信度，而政府官员通常会认为自己对法律已了如指掌，认为现有的选择即为最优解。我补充到，重新修订区划和其他法规势必将作为第二阶段的工作。到那时，布莱恩的公司应该牵头，而我将以顾问的身份确保工作的连贯性。布莱恩表示他很感兴趣，但我们都需要知道我们的讨论是基于怎样的时间长度所做出的承诺。

我为研究替代方案制定了一个长达一年的时间线进程，最终与社区领袖和公众达成一致的设计理念，并确定实施方法。我与WRT的同事及布莱恩一起审查了时间表和成本估算。我们的提案在奥马哈得到通过，同时大家也认识到之后还会有一个单独的实施阶段，这一阶段将由布莱恩领导，其中将包括对现有法规的任何必要修订。

一批头部企业和基金会通过奥马哈社区基金会（Omaha Community Foundation）为这一进程提供了资金。市长迈克·费希（Mike Fahey）成为激情洋溢的支持者，并促成了规划部门和其他政府机构的参与。内布拉斯加大学奥马哈分校（University of Nebraska Omaha）前校长德尔·韦伯（Del Weber）成为主持这一进程的社区领袖。他和规划总监罗伯特·彼得斯（Robert Peters）被任命为共同主席，但鲍勃·彼得斯（Bob Peters）让德尔主持会议。康妮·斯佩尔曼与市政府合作成立了一个审查委员会，该委员会代表了各类群体，如果市政府要对其管理开发的方式做出重大改变，那么这些人必须达成一致。在研究的过程中，她还安排了演讲者向社区和商业团体传达信息，并亲自参加了许多会议，向支持该项目的资助者以及商业和政治领袖汇报进展，并解释城市设计的流程。她的员工负责审查委员会和公众会议的后勤工作，并组织发布所有公开信息。她将这一过程的名称从我的提案名称“奥马哈综合城市设计计划”（The Omaha Comprehensive Urban Design Plan）改为“设计奥马哈”（Omaha by Design）。鲍勃·彼得斯说：“这与‘默认的奥马哈’（Omaha by Default）相对”。不久，康妮将把她的组织名称由“活力奥马哈”改为“设计奥马哈”。

在我的提案中，我将主题分为三大部分——绿色、公众和邻里——这与城市设计的3个潜在支持者相对应：环保主义者，市民、商业或文化领袖组织以及社区活动家，其中也包括来自城市最弱势社区的代表。将开发与城市的丘陵地形结合起来，设计出理想的、可识别的场所，并为所有社区创造公平的条件，这些都是绿色、公众和邻里3大部分涉及的基本问题。

我们意识到，如果向新闻界和公众开放审查委员会会议，委员会成员就不太可能坦率地发言。解决办法是在午餐时与审查委员会进行汇报和讨论，然后在当天晚上举行公开会议进行同样的陈述，并经常根据先前审查时提出的意见加以改进。部分委员会成员出席了公开会议，这样他们就能听到并报道大家的发言。《奥马哈世界先驱报》和电视频道对公开会议进行了报道，《奥马哈世界先驱报》事先还刊登了有关绿色、公众和邻里主题的文章，这有助于引发大量的到场人数——从未低于几百人。

我在审查委员会和公众会议上均全程做了汇报。南多·米卡尔（Nando Micale）是WRT的项目经理，负责监督制图工作并亲自绘制部分图纸。布莱恩·布莱泽参加了奥马哈的每一次现场汇报，回答问题并补充支持性意见。在这些行程当中，他还能用手机处理很多其他工作。

我设立的原则是——我和WRT的同事们将不会在奥马哈提出任何在其他地方没有成功实施过的提案。奥马哈的特别之处在于将城市设计全面应用于整座城市。我们还决定在奥马哈最近完成的总体规划的框架内开展工作。这样，我们就可以集中精力在设计上，而不需要处理如基础设施、医疗服务和教育等相互关联的问题。总体规划的所有组成部分都对设计有影响，但重新审视最近作出的每项决定，只会让我们尚未开始就停滞不前。

绿色的奥马哈

奥马哈地势起伏，溪流沿山谷而下。当前许多溪流流淌在深挖隧道的底部；人们顺着溪流边的路径放眼望去，尽是建筑物的背面、垃圾箱和服务性入口。溪流边的建筑物使得往昔蜿蜒的溪流和湿地无法恢复。但堪萨斯城（Kansas City）灌丛溪的水面已被断流坝抬高，这是我在第5章中描述的广场城市设计和开发计划（Plaza Urban Design and Development Plan）中的一个设计概念。这样一来，溪流看起来就像一条河流，而不是混凝土暗渠底部的涓涓细流。这是一个成功落地的设计，可以成为奥马哈参照的典型。我们制作的关于灌丛溪的幻灯片，以及我们呈现的奥马哈溪水抬升和河岸景观美化的图纸，使人们相信溪流前的土地可以成为资产。

奥马哈经常突降暴雨和山洪。出于公共安全的考虑，开发项目应远离溪流沿岸的洪泛平原。我们展示了在气候模式和生态环境相似的塔尔萨市（Tulsa），防洪政策是如何奏效的：在那里的溪流沿岸构建了一个覆盖全市的开放空间系统。因此，我们的建议是将必要的防洪措施与溪流景观结合起来，从而形成一个公园系统，为整个城市尤其是为洪泛区外、但面向溪流的房产增值。

新的联邦水质标准和防洪标准都要求将雨水保留在溪流两侧的山坡上。我们展示了绿色停车场的实例并绘制了图纸，这是在一次社区会议上一位与会者提出的一个方向，这个实例展现了如何通过在停车场内进行景观化处理来实现蓄水，而不是建造雨洪滞留池，从而为开发商节省土地面积。景观停车场还可以减少大面积不间断铺装带来的热岛效应。在其他社区也已通过了修改土地细分条例中对停车场和蓄水的要求，实施了类似的理念。

20世纪初的奥马哈公园与林荫大道计划，创造出了沿山脊线风景优美的驾车路线，以及奥马哈老城内的绿色街道遗产。奥马哈有限使用的公路边缘处有1800英亩的植被稀疏地，或许也是展开大尺度地景设计的机会。我们展示了加利福尼亚州，以及夏洛特

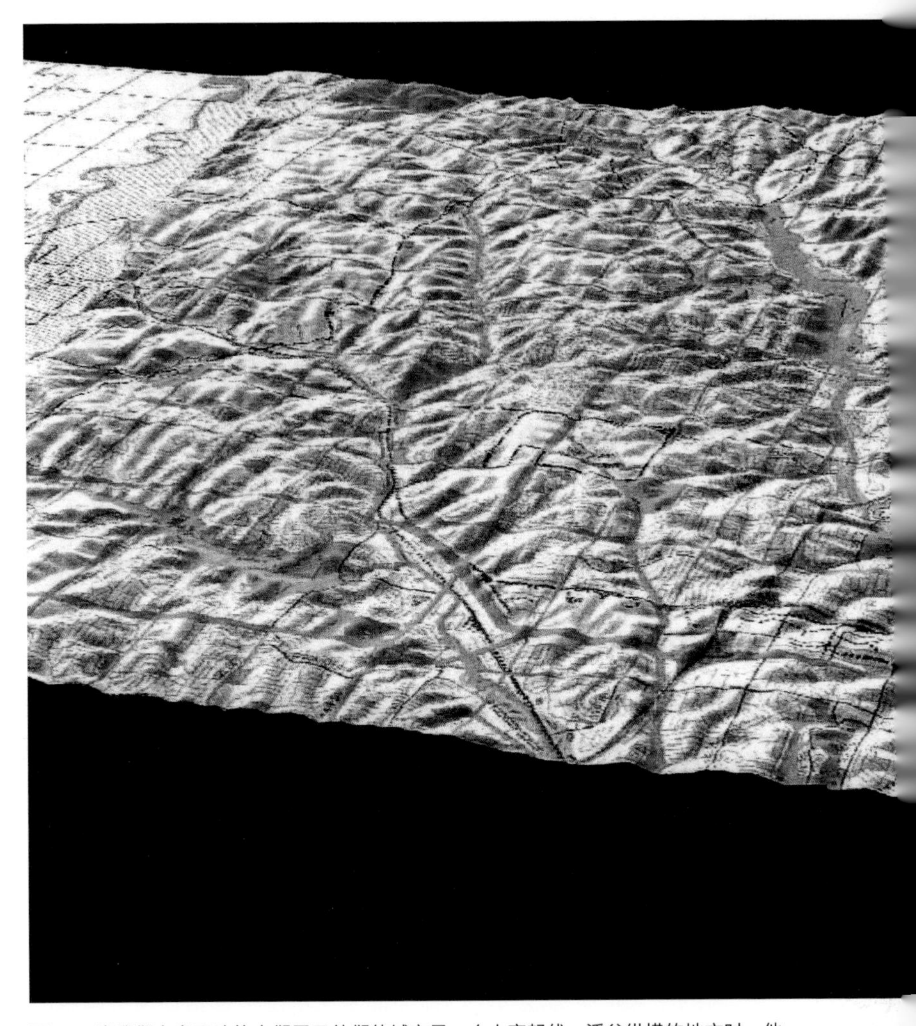

图9.1 当我们向奥马哈的人们展示他们的城市是一个山峦起伏、溪谷纵横的地方时，他们感到惊讶；他们还未习惯用这种方式来思考这座城市；穿过山谷的溪流、城市的公园和林荫道，以及鼓励沿绿色街道线网植树的新计划，可以为奥马哈的邻里社区和商业中心创造一体连通的绿色环境

（Charlotte）和芝加哥（Chicago）等城市的公路地景设计，并绘制了图纸以证实树木、本地的花草植物如何为公路景观体验带来巨大改变，经费成本则来源于企业赞助商或私人捐赠者。

该市已有种植及更换行道树的计划，但土地细分条例并未要求开发商在新建住宅的街道上植树。由于植树要求是土地细分条例中的例行规定，我们建议在奥马哈也加入这些要求。我们还划定了一

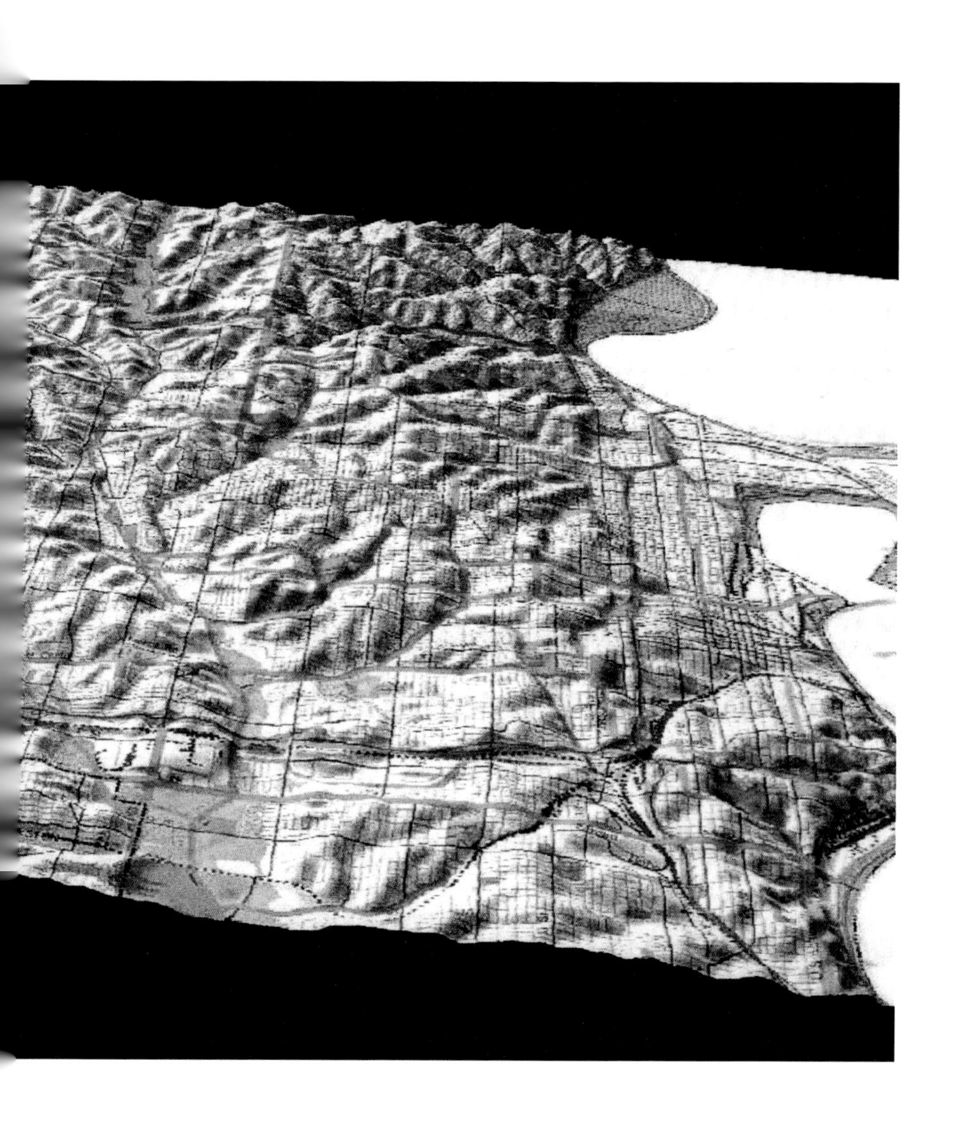

个“绿色街道”线网，线网上街道的树木种植及景观环境将尤为重要。

我们展示了这些提案如何引领将绿树成荫的街道、公园、水系和景观连接成系统，成为奥马哈邻里社区及商业中心的背景（图9.1）。

城市周边农田的快速城市化是另一个突出的绿色问题。该市已在其总体规划中预留了未来郊区公园的用地，因为其规划管辖范围已从目前的边界延伸到3英里（约4.8公里）之外。总体规划还划定了低密度人口区以保护环境敏感区域。我们本希望提出“增长边界”以强化这些规定。奥马哈的人口一直以每年1%的速度增长，但土地城市化的速度却远超人口增长本身所需的速度——几乎美国所有地方都是如此。内布拉斯加州的法律不支持俄勒冈州（Oregon）实行“增长边界”，因此在总体规划中虽曾考虑过“增长边界”，最终未将其纳入。不过，我们在“公众”主题下提出的政策可以提高奥马哈已开发地区的住宅和办公楼密度，吸引一些开发项目远离城郊边缘，可以减缓农田被城市化的速度。此外，我们在讨论城市设计时指出，城市还可以通过其兼并政策来决定城市化的土地面积。

公众的奥马哈

我们邀请审查委员会帮助我们列举出城市中最令人难忘的地方、使用率最高的地方以及公共活动聚集的地方。结果证实了我们的观察，即奥马哈的道奇街（Dodge Street）能与亚特兰大的桃树街（Peachtree Street）或洛杉矶的威尔谢尔大道（Wilshire Boulevard）相媲美，从老市中心向西延伸并连接着一系列重要场所。其他重要场所大多位于与道奇街相连的南北向主要街道沿线。

如果将所有这些区域都称之为市中心会造成混乱，因此我们将其称为“重要公众区域”，它们共同承担了奥马哈这座大都市的市中心功能（图9.2）。我们提议在《区划条例》中将这些“重要公众区域”作为叠加区划绘制。叠加区划内都应遵守其他成功的市中心所采用的关于建筑布局、行人通道及隐蔽式服务区的设计准则。城市设计师在经营市中心的开发中有着丰富的经验，可以导向大量成功的结果。政府对街道和其他公共空间的投资与对私人开发设定的标准同样重要。我们提出了在重要公众区域种植行道树、安装高质量路灯、合理设置交通和停车信息标志的新承诺。我们提出的私人投资设计准则就像在传统市中心一样，主要涉及建筑物与街道的关系——但我们允许规模上的差异。

要使所有被指定为“重要公众区”的地区达到市中心的标准将经历很长的时间，然而路途虽远，行则将至。除了立法和公共投资外，还需要建立商业改善区以调动每个子区域内利益相关者的资源。正如业主们不认为奥马哈溪流沿岸的土地是滨水资产一样，这些“重要公众区”中的业主们也不认为自己拥有与市中心相匹配的

图9.2 我们邀请工作审查委员会（Working Review Committee）成员识别他们认为人们心中奥马哈最重要的场所及社区使用率最高的地方；结果发现，这些场所都位于从市中心向西延伸的主要连接型街道，即道奇街沿线，以及几条横穿道奇街的南北向街道上；由WRT的王艳（Yan Wang）将结果绘制成了这幅地图，以卫星视角展示了我们所说的“重要公众区”

机遇和责任。

我们在这些重要公众区中设计了6个市民广场区（Civic Place Districts），2个位于传统的市中心，4个位于道奇街走廊上的关键位置。其中一个位于奥马哈中城区，奥马哈互助保险公司已承诺在此进行大规模重新开发，但尚未完成设计。我们绘制了一张图，其中包括他们现有的办公楼、主要用于停车场的余量土地以及邻近的公共公园。图中使用了建至线、停车场布局、潜在的建筑布局等语汇，加之我们提出的将公园空间与既有土地相结合的建议，并用星号标明了应特殊处理的对景标志（图9.3）。由科普·林德建筑事务所（Cope Linder Architects）设计的互助公司大楼（Mutual's buildings）采纳了图中的许多想法，并将其发展为一个高度一体化的设计，详见第4章。

应该有更多能够提供范型的特殊区域。每个特殊区域都是围绕一个或多个公共场所设计的，而设计指南则是基于邻近这类空间所能创造的增值价值制定的。这些指南的可行性来源于公共投资以及区划下允许开发量的大幅增加。这些地方具有成为城市场所的潜力，融合了公寓、办公室和零售商业，有助于把人们从日益偏远的郊区吸引回来。像这样的具体规划能够创造当下不可能实现的开发机会，因为没有任何个人能够单独组织起这样的项目。

我们还提议在“重要公众区”之外的主要商业走廊沿线设置建筑退线/建至线，以及每个开发项目的最低景观要求，并将地上公用设施限制在街道的一侧，最好是在建筑物背后的范围内。

兼并的设计标准

根据内布拉斯加州的法律，业主可以在非城市地区并入城市之前建立一个“卫生与改善区”（Sanitary and Improvement Districts，SIDS）。这些“卫生与改善区”可以进行资本改善，并由区内的核定税收支持。当该区被兼并后，城市将接管其债务义务。奥马哈可以通过说明哪些是可以接受的及哪些是不可以接受的，为最终有望被兼并的“卫生与改善区”设定标准。奥马哈市的总体规划已经为规模从10英亩（约4公顷）至160英亩（约64公顷）不等的商业中心设定了要求，这些要求规定了当这些商业中心被并入奥马哈市时，哪些是可以接受的。

我们发现这一力量让奥马哈可以寻求建立多功能、可步行的中心，而不是条状购物中心。我们采用了一种典型的房地产模式，即“生活型零售中心”，在这种模式中，商店和餐馆沿街而建，而不仅仅是面向停车场。我们还建议在该模式中增加公寓和办公室，从

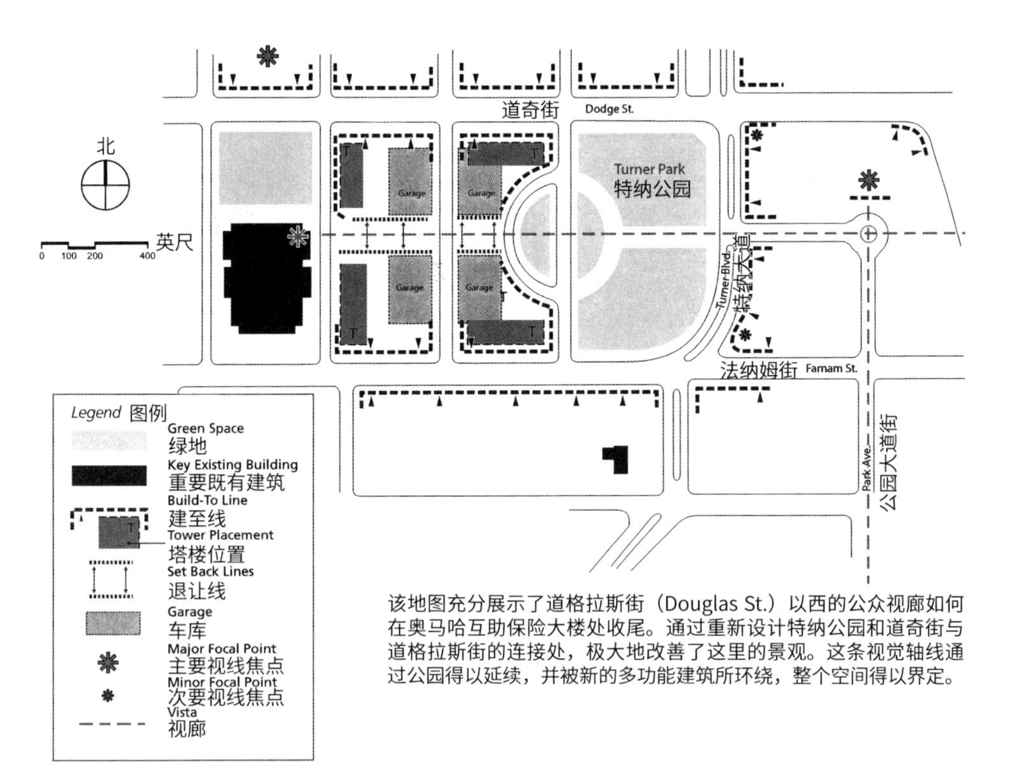

图9.3 区划中覆盖区域的导则案例，一个市民广场区，是已确定的“重要公众区”内最为重要的场所。这个案例位于中城区，奥马哈互助保险公司已承诺进行大规模重新开发，但尚未完成设计，见第4章；我们绘制了一张图，其中包括他们现有的办公楼、他们现有的主要用于停车场的余量土地以及邻近的公共公园；图中使用了建至线、停车场布局、潜在的建筑布局等语汇，加之我们提出的将公园空间与既有土地相结合的建议，并用星号标明了应特殊处理的对景标志；可以将此图与图4.6中的实际设计及第4章中的其他插图进行比较

而创造出商店、办公室和住宅等均被允许且对行人友好的场所。我们为这些面向行人的多功能中心编制了设计导则，以补充总体规划中已有的商业中心类别（图9.4）。该导则展示了每类中心的街道和人行道的配置，以及建筑布局。导则中的设计建立了一个框架，使开发随着时间的推移变得更加密集，而无须重建最初的结构。这样的场所可以满足足够高的人口密度，并包含足够多的目的地，从而能够支撑快速公交服务。反过来，快速公交系统也将加强紧凑和适合步行的开发模式，并吸引原本可能走得更远的企业和居民。我们绘制了图纸以展示这种转变如何发生在关键区位里。

我们的其他城市设计提案也为重要建筑和其他构筑物（如公路桥梁）的照明制定标准，并呼吁为公共艺术提供更多资金，同时设

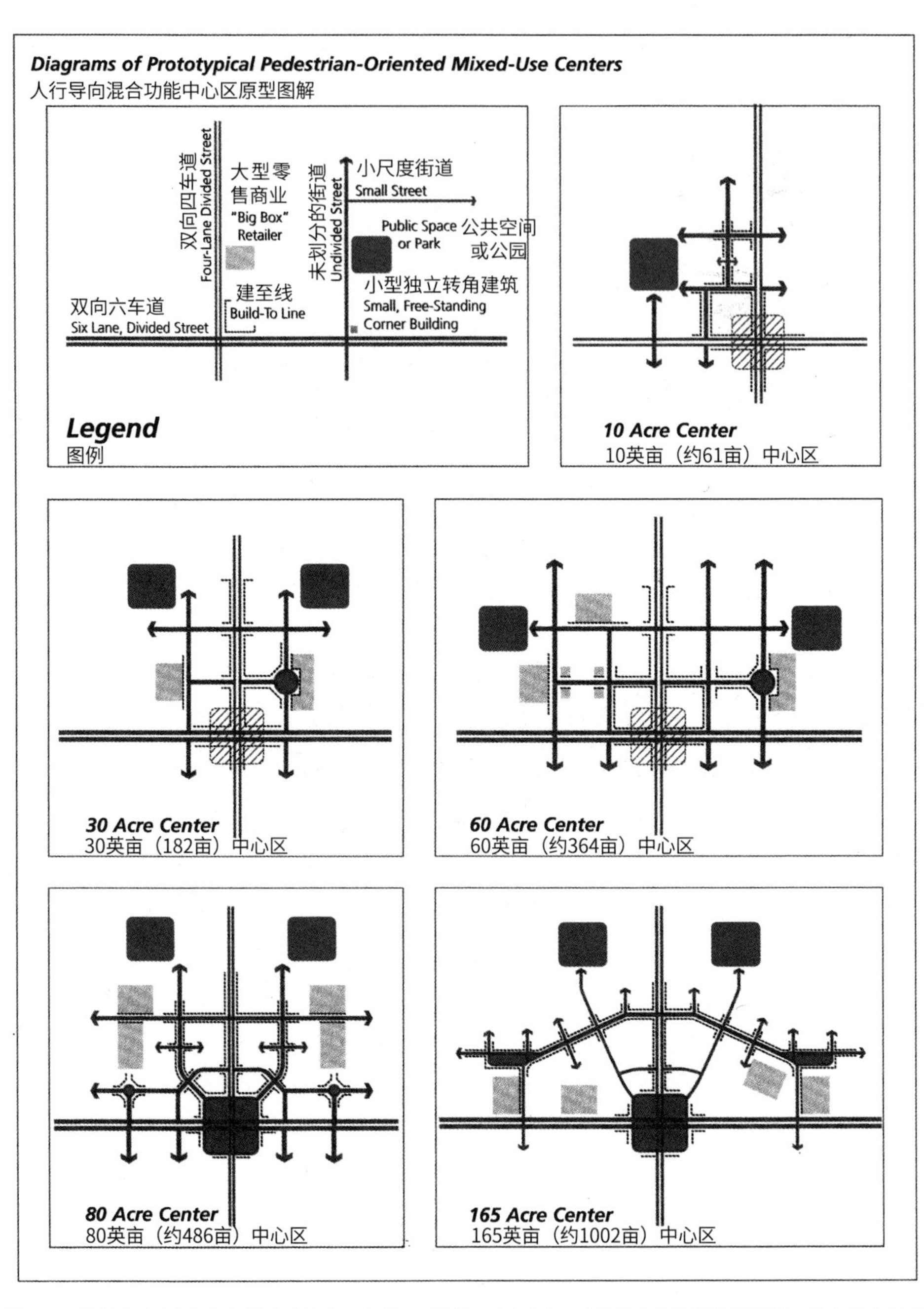

图9.4　设计导则以步行导向的多功能中心为核心而制定，针对奥马哈周边可能被兼并的区域，补充了奥马哈总体规划中对商业中心的分类要求。如果农村地区的新区开发商希望该地区被城市兼并，那就必须遵守这些标准

立一个设计审查委员会，就设计导则的解读提供建议，并把控公共财政项目的品质。

邻里的奥马哈

奥马哈有许多被视为邻里的独立区域：有70多个邻里协会设有网站并发行报刊。这些组织数量太多以至于城市无法对每个组织做出有效回应。我们对中城的研究推动建立了一个邻里联盟，这样，领导者通过参与规划进程来了解彼此。我们提议城市划定边界来建立14个邻里联盟区（Neighborhood Alliance Districts），这与华盛顿的邻里咨询委员会区（Advisory Neighborhood Commission Districts）、纽约市的社区规划区（New York City's Community Planning Districts）以及其他城市的规划区并无二致。市长迈克·法伊（Mike Fahey）立即看到了这样做的价值，并在我们还未完成计划时就将其作为城市的政策。我们提议，每个邻里联盟区在编制自身计划时都应得到市政府的帮助，正如我在弗吉尼亚州诺福克市（Norfolk，Virginia）观察到的政策一样。这些计划将遵循在全市范围内确立的绿色和公众原则（Green and Civic principles），并在较小的尺度上加以应用。街区联盟计划还应涉及保护和加强老旧社区的零售业，以及在1950年后建成的社区增加社区型零售业和其他便利设施。我们提供了一些图示来说明如何实施此类计划。

我们还阐述了随着城市的扩张，如何创建拥有自己的零售和市政中心的可步行社区。新型传统社区有时是作为独立开发项目的一部分建立的，我们在奥马哈展示了人们可以步行前往某些目的地的社区如何成为新区开发的常规方式。由克拉伦斯·佩里定义的4个邻里单元，经安德烈斯·杜安伊和伊丽莎白·普拉特–兹伊贝克改编后，可容纳640英亩（约259公顷）的土地，即一个边长1英里（约1.6公里）的正方形所包含的面积。美国大部分地区的主要街道网格以每英里为交叉口间隔。与美国其他许多城市一样，奥马哈市也是通过兼并发展起来的，城市的三面都环绕着1英里见方的方格网。该市有一个公园计划，确定了在可能被该市兼并的地区应划出作为公园或自然保护区的土地。作为“设计奥马哈”计划的一部分，我们建议奥马哈市将步行邻里单元也作为SID标准的一部分，该标准对该市预期兼并的土地具有强制性。我们绘制

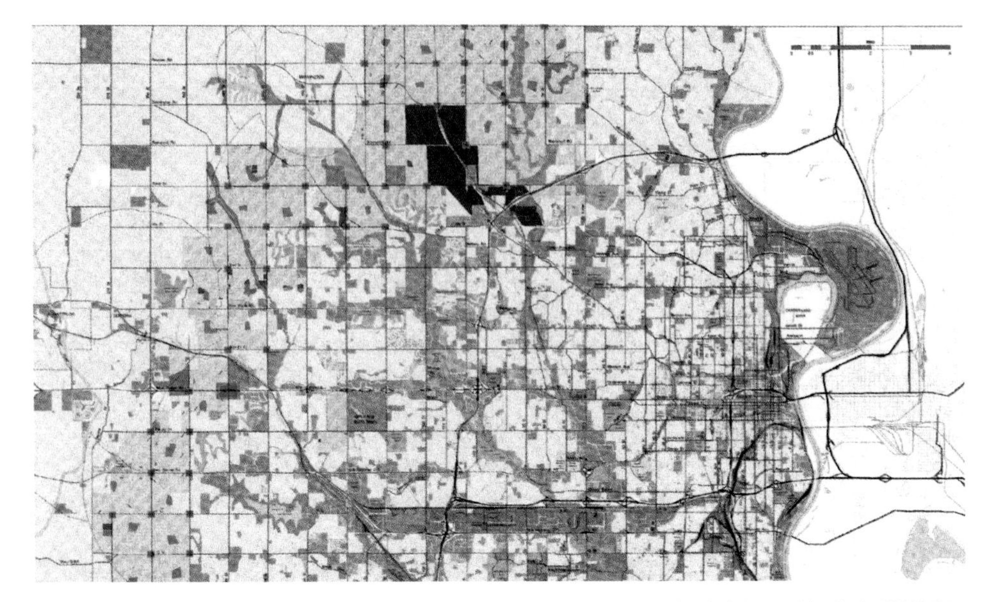

图9.5 奥马哈的公园总体规划已经规定了在该市可能兼并的地区应划出的公园或自然保护区用地。作为“设计奥马哈”计划的一部分，我们建议奥马哈也将上一章所述的可步行邻里单元作为SID标准的一部分，该标准是该市预计兼并土地的强制性标准。我们绘制了一张图片展示了如何实现这一目标。其结果将是紧凑的、可步行的社区和商业中心，并可提供快速公交服务。城市化兼并额外土地的需求将会减少，被城市化的土地也将会得到更好的设计

了一张图，展示了如何实现这一目标（图9.5）。主要街道交叉口处的广场可以成为零售中心，为相邻的4个街区邻里单元提供服务（图9.6）。

学校也可以设在这些交叉路口。所有的邻里单元都将与其中一个中心相关联。可步行的社区以及可步行的商业和市民中心将取代一系列无序扩张的住宅小区，从而成为常规的开发方式。这些紧凑型社区最终可以支撑快速公交系统，这在前一章中已经讨论过。

在每次社区会议上，“设计奥马哈”的工作组都会给每个人3张卡片：绿色、黄色和红色——就像交通信号灯一样。我在台上解释完一项提案后，会请大家举起最符合自己当下反应的卡片。通常，我看到的是整个礼堂绿色的卡片，但有时也会看到很多黄色，甚至红色的卡片：这是我们需要进一步讨论或修改提案的明显信号。

实施策略

布莱恩·布莱泽从一开始就建议我们，在深入讨论如何制定新法规之前，必须就想要实现的目标达成共识。随着规划过程接近尾

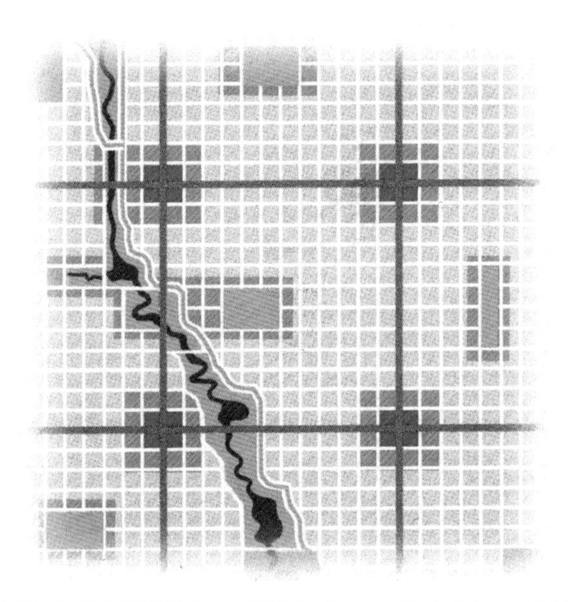

图9.6 本图是图9.5所示设计概念的大样特写。红色方格为商业中心，橙色区域为靠近商业中心或公园的公寓或联排别墅，黄色区域表示独立住宅的位置，这些都是可步行社区的组成部分

声，规划总监鲍勃·彼得斯建议，实施的第一步应该是将我们的工作作为总体规划中正式的城市设计元素（Urban Design Element），这实际也是《奥马哈宪章》（*Omaha's Charter*）中的要求。奥马哈市从未编制过这样的内容，在通过最新的总体规划时也未将其纳入其中。我们最终的报告成为城市设计总体规划要素的草案。同时还有一份由布莱塞尔撰写的框架报告，为未来的实施措施奠定了法律基础。绿色、公众和邻里主题下总共有21项目标、对象及政策，需要73项实施方案，包括城市的行政改革、立法改革、基本建设项目以及给私人资助倡议的机会。在“设计奥马哈”过程中的最后一次公开会议中批准了这些提案。

《奥马哈世界先驱报》周日刊印制了16页的插页，让更多的读者有机会查看城市设计目标的文字和插图，并将这些目标从最高优先级的1分到最低优先级的5分进行排序，读者可以寄回插页中的一份表格，也可以在“设计奥马哈”网站上回答同样的问题。我们共收到1300多份回复。由于调查是在网络上进行的，因此收到了一些来自本市以外的回复，包括一份来自温哥华（Vancouver）和几份来自得克萨斯州（Texas）的回复。所有21项目标都得到了强有力的支持；大多数目标得分平均都在1分至2分之间；很少有人选择4分或5分。获得最多支持的目标是那些能为最多人带来最大利益的目标：绿色街道、沿溪公园系统、高质量的公共建筑、对老建筑的保护、对老旧社区的保护以及在新区创建邻里的导则等。市民广场区和其他需要建筑设计导则的目标得分也较高，但相对来说没有前序目标那么高。公共艺术、地标照明、绿色停车场和公路美化，这些我本以为人人都会支持的城市设计措施，在受访者看来并不那么重要。

城市设计元素获得了规划委员会和市议会的一致批准，并且成为奥马哈总体规划的正式组成部分。[1]在罗宾逊·科尔事务所的指导下，我们进行了第二阶段的研究，对实施城市设计元素条例进行修改，并由WRT绘制了设计图解，被纳入奥马哈分区条例的“第22条—城市设计”，这些在网上也可查阅。[2]根据我们的建议，奥马哈成立了城市设计审查委员会（Urban Design Review Board）。

康妮·斯佩尔曼一直担任“设计奥马哈”的执行董事，直至2015年。她将其打造成为一个强有力的城市设计倡导组织，时至今日依然如此。[3]

社区参与，已成为所有作出规划及城市设计决策时的标准做法。然而，让每个可能受到影响的人都真正参与进来仍然具有挑战性。我们在奥马哈所做的努力很好地利用了当时可用的技术，更新的在线资源可以进一步扩大参与范围。同时，社区必须看到成果——没有什么能比“让整个社区达成共识，然而城市设计计划却被正式否决，永远无法实施”更让人感到失望的了。这就是我们在奥马哈的咨询委员会如此重要的原因。如果尚未明确我们的顾问是否得到支持，我们将不会把任何内容带到公开会议上，这有时意味着在将提案提交给社区之前，我们要与顾问反复讨论好几次。

尽管我们在奥马哈规划中对绿色停车场的关注来自于社区会议上提出的建议，但社区更善于表达他们所不喜欢的东西，而不是创造设计提案。大多数情况下，专业设计人员必须制定议程，但在设计上达成共识，与事先提出一套完整的设计方案，并期望所有人都喜欢，是截然不同的。当然，即使达成了共识，还是会有一些人不同意。但他们将认识到他们的红牌只是少数，他们可能也将理解为什么多数的邻居投了相反的票。

【补充阅读建议】

理查德·弗洛里达（Richard Florida）是一位知名的城市政策改革的倡导者，他主张改变城市政策，通过培育他所谓的创意经济，使城市对于商业经营活动更具有吸引力，并使人们愿意在城市中生活。他的著作《你属于哪座城市，创意经济如何让居住地成为你一生中最重要的决定》（*Who's Your City, How the Creative Economy is Making Where to Live the Most Important Decision of Your Life*），是用来指导人们选择居住地的，同时该书还总结了他之前针对政策制定者所作的研究。尽管弗洛里达的研究备受争议，但其文章通俗易懂，并且论述了社区需要关注哪些因素才能具有吸引力，或具有潜在的吸引力。房地产专家克里斯托弗·莱恩伯格（Christopher B. Leinberger）撰写的《城市化的选择》（*The Option of Urbanism*）一书由Island出版社于2009年出版。该书深入浅出地解释了，与当前的郊区发展模式不同，步行街区和商业中心对城市及其居民都具有经济意义。

【注　释】

[1] The Urban Design Element of the Omaha Master Plan can be read on-line: https://urbanplanning.cityofomaha.org/images/Urban_Design_Element_ 102720.pdf.

[2] The urban design amendments to Omaha's zoning can also be read on-line: https://library.municode.com/ne/omaha/codes/code_of_ordinances? nodeId= OMMUCOCHGEORVOII_CH55ZO_ARTXXIIURDE.

[3] 在实施阶段结束之前，我在哈佛设计杂志上发表了一篇关于奥马哈设计规划过程的文章——"Omaha by Design – All of It, New Prospects in Urban Planning and Design", *Harvard Design Magazine*, Spring/Summer 2005.

10

为区域及大都市圈设计

DESIGNING FOR REGIONS AND MEGAREGIONS

城市群正在成为多中心的区域，这些区域协同增长形成大都市圈。这一趋势在20世纪50年代已显而易见，城市地理学家让·戈特曼（Jean Gottmann）在书中描绘了现在被称为东北地区大都市圈（Northeast Megaregion）的概念。该书后来于1961年正式出版，戈特曼在书中将从华盛顿（Washington）到波士顿（Boston）的发展区域称作大都会（Megalopolis）。[1]为了描述自戈特曼研究以来发展起来的特大城市的数量和结构，人们绘制了各种不同的地图。最近出版的一本书在对全美趋势进行广泛分析后，识别出了美国的13个大都市圈。

- 东北地区大都市圈——从弗吉尼亚州汉普顿路都会区（Hampton Roads，Virginia metro area）向北穿过华盛顿、纽约和波士顿，直至缅因州（Maine）中部。
- 皮德蒙特大西洋大都市圈（Piedmont-Atlantic）——从阿拉巴马州伯明翰都会区（Birmingham, Alabama metro area）穿过亚特兰大（Atlanta），然后向北穿过北卡罗来纳州（North Carolina）的夏洛特和罗利（Raleigh）。
- 佛罗里达大都市圈——包括佛罗里达半岛的大部分地区，从迈阿密都会区（Miami metro region）向东北穿过杰克逊维尔（Jacksonville），并沿I—4州际公路走廊向西到达坦帕（Tampa）和佛罗里达州西海岸的其他城市。
- 中西部地区大都市圈（Midwest）——从芝加哥向北和向西延伸至明尼阿波利斯（Minneapolis），穿过密歇根州（Michigan）和俄亥俄州（Ohio），东至匹兹堡（Pittsburgh）和罗切斯特（Rochester），南至圣路易斯（St. Louis），并沿着另一条走廊延伸至肯塔基州（Kentucky）的列克星敦（Lexington）。
- 中部平原大都市圈（Central Plains）——从俄克拉何马市都会区（Oklahoma City metro area）向北，穿过塔尔萨地区（Tulsa region），到达威奇托（Wichita）和堪萨斯城（Kansas City）。
- 得克萨斯州三角地带大都市圈（Texas Triangle）——从圣安东尼奥地区（San Antonio region）向北穿过奥斯汀（Austin），到达沃斯堡（Fort Worth）和达拉斯（Dallas），两端与休斯敦（Houston）走廊相连。

• 休斯敦也是墨西哥湾沿岸大都市圈（Gulf Coast megaregion）的一部分，从布朗斯维尔（Brownsville）和科珀斯克里斯蒂（Corpus Christi）一直延伸到新奥尔良（New Orleans）和亚拉巴马州（Alabama）的莫比尔（Mobile）。

• 弗兰特山脉大都市圈（Front Range）——从阿尔伯克基（Albuquerque）向北到科罗拉多斯普林斯（Colorado Springs）、丹佛（Denver）和科林斯堡（Fort Collins）。

• 盆岭大都市圈（Basin and Range）——从盐湖城都会区（Salt Lake City metro region）向北和向西到博伊西（Boise）。

• 亚利桑那太阳走廊（Arizona Sun Corridor）——从菲尼克斯都会区（Phoenix metro area）向南到图森（Tucson），向北到弗拉格斯塔夫（Flagstaff）。

• 南加利福尼亚州大都市圈（Southern California）——从圣地亚哥（San Diego）的提华纳（Tijuana）到洛杉矶市区（Los Angeles metro region），再到圣巴巴拉（Santa Barbara），还包括山脉另一侧的内华达州（Nevada）的拉斯维加斯（Las Vegas）。

• 北加利福尼亚州都市圈（Northern California）——海湾地区（Bay Area），向南穿过中央山谷（Central Valley）到达弗雷斯诺（Fresno），向北到达萨克拉门托（Sacramento），也包括内华达州（Nevada）的里诺（Reno）。

• 卡斯卡迪亚都市圈（Cascadia）——从俄勒冈州（Eugene）的尤金市（Oregon）向北穿过波特兰（Portland）、奥林匹亚（Olympia）、塔科马（Tacoma）、西雅图（Seattle），一直到不列颠哥伦比亚省（British Columbia）的温哥华（Vancouver）。[2]

佛罗里达、加利福尼亚与卡斯卡迪亚大都市圈表现出如东北部大都市圈一样的持续增长特征。但在许多其他区域，大都市圈之间有大片的开阔地。盆岭大都市圈更像是一组相对较小、相互独立的大都市之间的关系，而不是一个连绵城市化的例子。中西部大都市圈和大西洋皮德蒙特大都市圈既有连续的开发，也有大片的农村土地。然而，预计到21世纪中叶，所有大都市圈都将吸收很高比例的预期人口增长，现在不连续的地方届时预计将变得更加紧密相连。

这些大都市圈的大部分新开发项目都是在没有任何有意义的设

计指导的情况下进行的，而且还在继续进行中。空间的增长追随着州际公路系统，新增的高速公路交叉口大大提升了可达性，促成农场和林地城市化的同时也实现了高额利润，为增长赋能。地方的开发法规仍以沿用百年的区划法及土地细分条例为基础，对自然环境视而不见。商业分区仍然被规划在地方公路沿线的狭长地带，有太多的土地被规划为商业用地而无法得到高效利用，同时还没有足够的土地允许可步行中心区的开发。住宅区仍然严格按照地块大小进行分隔，这在很多地方意味着收入的“隔离”，同时几乎无法步行到达目的地。急于寻求新的开发机会导致许多老旧地区空心化，甚至在增长中的大都市圈内亦是如此。这种模式通常被称为“郊区蔓延”，正如前文所述，这并非偶然。它是政府为其他目的而采取行动的必然结果，而没有考虑到其对社区设计的影响。房地产行业已经适应了这种默认系统提供的机会，以至于其他的选择似乎不再可能。喜欢郊区生活方式的人们没有意识到这种生活方式可以更好，而且这种生活方式不一定要以牺牲其他收入较低的人或因年龄、疾病而行动不便的人的利益为代价。

奥兰多七县地区的开发选择

佛罗里达州大都市圈的发展是由旅游业和人口的快速增长所推动的，吸引人口增长的是这里的气候——冬天温暖，夏天由空调系统调控——同时还有低税率，以及从全美其他地区招募企业的强势意愿。佛罗里达州持续不断的城市化正在改变自然环境，危及水源供应，取代农业，并侵害那些吸引众多游客和长期新移民的景点。

琳达·蔡平（Linda Chapin）是中佛罗里达大学大都会区域研究中心（Metropolitan Center for Regional Studies at the University of Central Florida）主任，也是奥兰治县委员会（Orange County Commissioners）的前任主席，她对佛罗里达州的开发动态非常关注。2005年，她邀请我在宾夕法尼亚大学（University of Pennsylvania）组织一个研究项目，为奥兰多周边的7个县设计一个展望2050年的规划。[3]这项研究将由城市规划专业的高年级学生参与，他们正处于获得研究生学位前的最后一个学期。这是一次钻研影响整个大都会圈增长的一系列问题的机会。

我打算使用类似于我在纽约市的阿登高地（Arden Heights）及

欧文顿村（Village of Irvington）所使用的方法：展示现有条件，预测如果当前的开发趋势继续下去将会发生什么，然后呈现一个在当前开发实践中可行的、更好的替代方案。我们不是为佛罗里达州或任何其他政府机构工作，但琳达打算以我们的研究为基础，在整个地区召开公众会议，为更美好的未来争取支持。

幸运的是，借助一些工具可以让我们将展示发展趋势和制定替代方案的方法应用扩大到7个县区的规模。研究人员之一安德鲁·多布申斯基（Andrew Dobshinsky）之前的专业是数字媒体设计，他向我和其他参与者介绍了美国环境系统研究所（Environmental Systems Research Institute，ESRI）的地理信息系统软件——ArcGIS及其空间分析扩展（Spatial Analyst Extension）功能。

通过使用地理信息系统（GIS），我们了解了如何更详细地描绘奥兰多地区的增长情况，其详细程度远远超过了以航拍照片和美国地质调查地图为基础的传统制图技术，同时我们的预测将比简单的手工绘制更加精确。

安德鲁向我们展示了如何在计算机程序中输入标准，该程序将逐年显示预测的人口可能分布的地点。计算机程序使用的是交通规划中常用的重力模型的其中一个版本。人口落户某一特定地点的可能性取决于该地点所提供的相对吸引力。在计算机程序中输入吸引力值时，需要对调用这些因素的指定值进行判断，如是否靠近工作岗位、是否靠近已开发地区、分区对新开发的接受能力、是否靠近交通枢纽或高速公路交叉口、是否有未开发土地等。另外，计算机程序能够保障已用于保护的土地不纳入预测新开发的范畴。

第一步是建立趋势模型。如果未来的发展遵循当前的趋势，人口分布会是怎样的？佛罗里达州的经济和商业研究局（Bureau of Economic and Business Research）已经提供了到2030年各县的人口预测数据。为了将预测年份从2030年提升至2050年，我们对4种不同的人口增长预测方法进行了平均。

为了确定未来的发展趋势，该研究使用了基于当前开发模式的吸引力值。一旦确定了这些输入值，计算机程序就会显示由所有这些相互关联的变量所得出的人口模式。结果显示，该地区将在整体的地形环境中以低密度开发模式逐年推进。计算机地图还为我们提供了一种输入环境敏感土地位置的路径，而趋势模型则显示了研究确定的

5个区域生态系统中有多少可能会被城市化。这不是一个令人感到适宜的未来。趋势模型显示，当地环境的大范围破坏及城市低效的城市扩张，很可能在其全部预测容量实现之前，经济上就难以为继了。

我们前往奥兰多，走访了7个县。琳达组织了一些人带我们参观，并向我们简要介绍当地的问题。我们还参加了为了解当前经济趋势和发展前景而召开的会议。

于是，我们设计了一种针对这种趋势的替代方案。

与美国其他大部分地区一样，佛罗里达州几乎所有的个人出行都依赖汽车，但迈阿密除外，因为迈阿密拥有当地的轨道交通系统和市中心的自动旅客捷运系统，这种系统类似于连接机场航站楼的交通网络。在奥兰多七县地区，汽车出行的唯一替代方式是公共汽车，但公共汽车的服务速度慢，班次也少。

佛罗里达州一直在研究经过奥兰多、将迈阿密与坦帕连接起来的高速铁路系统，后期还将沿着东海岸延伸至杰克逊维尔。该项目于2000年通过宪法修正案并获得批准，但在2004年，也就是我们开展研究的前一年，被选民废除了。

我们认为佛罗里达州第一次的决策是正确的，应该恢复高速铁路线，以作为我们准备应对趋势的替代方案的一部分。在研究区域内的高速铁路车站当中，我们假设会有当地的公交系统，可能是迈阿密的轨道交通，也可能是较小城区的快速公交系统。

佛罗里达州也已经有了一项收购环境敏感土地并将其从房地产市场中剥离的州立计划。我们认为，佛罗里达州应该利用现有的这一计划，投资收购环境敏感土地，否则这些土地无法逃避被开发的命运。

在我们的研究中，假设经过奥兰多、连接迈阿密和坦帕的高速铁路线再次成为州政策，我们随即绘制了至2050年可能逐年开发的公交系统图。研究还确定了重要的车站，并设计了与之相连的地方公交系统，从而确定了由于新的交通通道而最有可能进行更密集开发的区域。

此项研究仍旧重视最重要的环境敏感土地图，我们在趋势模型中看到这些土地正被开发过度占用，假设在替代方案中，所有受到开发趋势威胁的环境危急土地都可以通过佛罗里达州政府的一项购地计划而得到保护。

基于每10年的人口预测及对应建设项目，由高铁线路和交通系统实现的更高密度开发的新吸引力值被输入到计算机程序中。计算机程序试运行后，对环境影响进行了评估。在计算机程序中，本应被保护、但却显示受到城市化威胁的土地被设置为不可实现的，并随后在程序中重新运行。最终得到的计算机地图实现了对环境敏感土地的保护，并成为绘制下一个10年人口增长情况以及决定哪些土地需要保护的基础。

该研究列举了人口发展趋势与替代方案之间的差异，每10年一次。研究得出的总体信息是明确的。迭代过程所产生的替代模式可以与本应发生的情况每10年进行比较。两张2050年的地图概括了这项研究（图10.1、图10.2）。[4]

琳达·蔡平以更大的篇幅重印了我们的报告，并在报告封面上描述了这份报告为社区敲响了警钟。该报告将成为七县一系列社区会议中讨论其在未来几年需要做出的选择的基础。

两年后，琳达·蔡平让我用类似的方法准备另一项研究，但这次针对的是整个佛罗里达州，由佛罗里达千友会（1000 Friends of Florida）提供资金。

我邀请安德鲁·多布申斯基担任这项研究的联合负责人，他现在是一名毕业生，负责帮助参与者将标准输入计算机程序，该程序将显示每10年预测的人口可能分布在哪些地方。千友会已经委托佛罗里达大学地理规划中心（GeoPlan Center at the University of Florida）制作了一个趋势模型。该模型分别对2020年、2040年和2060年的人口进行了预测，并利用地理信息系统绘制了预测人口增长的影响在地形环境上的分布图。我们不经意地听说，他们的工作受到了我们2005年研究采用方法的影响，这得益于琳达·蔡平的广泛传播。与我们之前的研究一样，地理规划中心在趋势预测上并未假定额外的土地保护购买，但他们在绘制趋势图时确实使用了佛罗里达州交通部（Florida Department of Transportation）的未来公路规划，同时假定所有额外的交通改善都将用于公路或机场。他们并未考虑海平面上升对沿海地区的影响。他们承认，农村土地城市化是不可避免的，应通过审批和建设包括城市道路和公路在内的必要基础设施来促进城市化。他们假定每个县目前的平均开发密度在未来将保持不变，新的开发将与过去大致相同，不需要额外的环境保护。

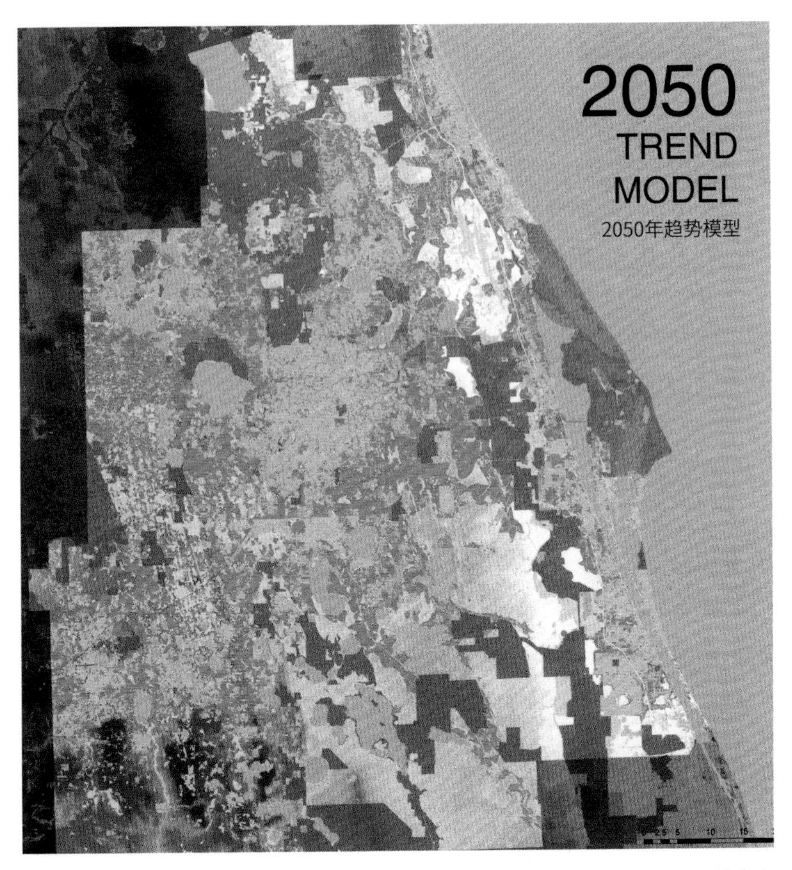

图10.1 一张基于GIS的开发地图，根据奥兰多七县地区到2050年的人口预测。该方案依据由当前开发趋势延伸形成的模型来分配开发

计算机趋势模型为我们提供了整个州如何开发的详细情况，也是我们提出任何替代方案的有效比较标准。

与2005年的研究相比，我们这次的研究参与者设计了一种更复杂的方法来描述农村环境中哪些部分需要被保护。我们利用现有的报告和研究绘制了地图，其中包括最高保护优先级的栖息地、最高保护优先级的含水层土地、最高保护优先级的保护湿地、最重要的农业区以及与现有已经预留开发土地具有连续性的土地。然后，利用ArcGIS的空间分析程序，将佛罗里达州地图上的这5个不同的重叠部分进行综合比对，以识别最贴近这5套标准的地方。以这种方式确定

图10.2 一张基于GIS的替代方案图，展示了对于2050年奥兰多七县地区更好的开发模式。该计算机方案将保护环境敏感土地纳入考虑——否则这些土地将受到开发趋势的威胁——同时增加交通运输系统作为更高密度开发的吸引点，从而减轻城市边缘区的开发压力。交通层面假设产生了更高密度的走廊，以深红色显示，从奥兰多中心向外辐射，通往大都市区的重要目的地

理想的保护网络需要大量的计算机算力，而我们大学并不具备这种算力。因此，参与者将他们的8台笔记本电脑连接起来，运行了14个小时的程序，绘制出了最高优先级保护地和已保护地的地图。有几个人通宵守候以确保程序持续运行（图10.3）。

随后，我们在中佛罗里达大学的奥兰多中心召开了为期一周的研讨会。我邀请了佛罗里达州几家规划和设计事务所的领导层参加研讨会包括：易道公司（EDAW）的芭芭拉·法加（Barbara Faga）和艾伦·希思（Ellen Heath）、格拉特·杰克逊事务所（Glatting Jackson）的蒂姆·杰克逊（Tim Jackson）、多佛·科尔事

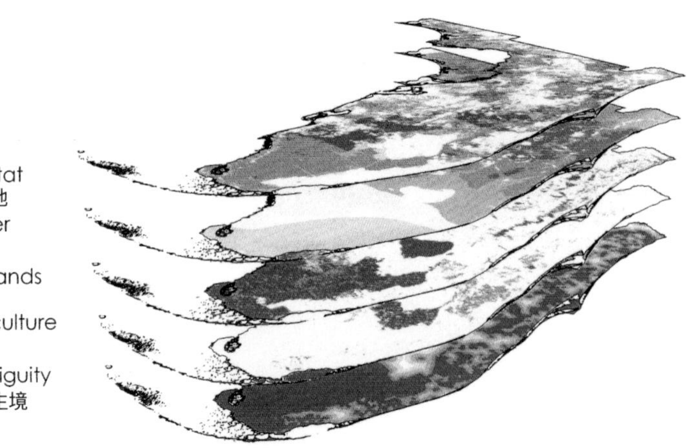

图10.3 如这些叠加地图所示，宾夕法尼亚大学的研究人员绘制了佛罗里达州环境敏感性的5个层级。由上到下依次为：需要保护物种多样性的自然栖息地；水资源位置，包括易受污染的含水层；湿地；优质农田；需保持连续性的地方，例如连接栖息地的生境走廊；紧接着将这5张地图进行综合比对，以凸显与这5个标准高度一致的地方；结果，包括已保护土地区域在内的理想保护网络成为编制佛罗里达州全州开发趋势替代方案的指导文件之一

务所（Dover Kohl）的维克多·多佛（Victor Dover）和詹姆斯·多尔蒂（James Dougherty）、WRT公司的杰拉尔德·马斯顿（Gerald Marston）、HDR公司的詹姆斯·摩尔（James Moore），以及时任迈阿密大学建筑学院院长的伊丽莎白·普拉特–兹伊贝克，还有一些她的城市设计专业学生。

会议第一天首先介绍了趋势模型及其对理想保护网络的影响。

接着，我组织整个小组头脑风暴，提出在制定趋势替代方案时应遵循的工作原则。我坐在电脑前，打开PPT，起草了每条原则的文字，并将其投影到屏幕上供大家提出措辞建议。每个人都能看到起草及修订的原则。我们最终制定了七条原则：

1. 保护佛罗里达州的重要土地；
2. 投资均衡型交通；
3. 规划应对气候变化；
4. 不浪费土地；
5. 与自然和谐共处；
6. 鼓励紧凑型发展；
7. 重塑以创造伟大的场所。

在这周剩下的时间里，研究小组与佛罗里达州的专业人士合作，确定了不同密度下的开发原型。他们还制定了几个城市设计方案，作为在关键区位如何进行高密度开发的范例。

当我们再次在费城集合时，这项研究详细阐述了这7项原则，并围绕这些原则撰写了报告。内容包括全州高速铁路网络的设计方案，以及主要城市的交通系统，每个都进行了成本估算。这些设计在备选计算机地图中为引导人口分布起到了吸引作用。该研究还利用当时科学界达成共识的海平面上升估计值绘制了将会受洪水侵袭的沿海地区地图，并设定了这些地区不得进行新的开发。我们估算了为保护理想的保护网络受到开发威胁的部分所需的购置成本，以及何时需要支出这些成本。还展示了如何节约用水和电力，将新增人口的影响控制在与当前消耗量相近的水平。不浪费土地的目标，意味着在交通便利的地方提高人口密度。这也意味着新开发项目的设计应通过比预计趋势更加紧凑、节约保护地、不重新平整或填埋湿地的方式减少对环境的负面影响。报告利用佛罗里达州工作会议上提出的设计方案来说明理想的开发模式，同时还使用了佛罗里达州会议上确定的全国各地的实例。报告的结论包括按照每10年的时间区间对趋势和替代方案的预计成本及面积进行比较。

琳达·蔡平来到费城了解我们的工作情况，并建议我们将全州范围内的趋势替代方案地图划分为不同的地理区域，这样佛罗里达州的人们就能在更大的尺度上看到针对其所在区域提出的建议。这很容易做到，因为信息已经在电脑地图上了。

琳达还印刷了更多的研究报告[5]，并将这些报告寄给了她在佛罗里达的地址，以便她能够分发这些报告，她还有一份PPT演示文稿。这些地图显示了既定的趋势，以及如果遵循替代方案中的政策，将有可能实现更加紧凑的开发和更大程度的环境保护（图10.4、图10.5）。报告明确阐述，与趋势发展下去所需的公共开支相比，替代方案将节省大量公共资金。后来，我发现这份报告常为佛罗里达州的规划者和决策者所知。

坦帕/奥兰多超级区域设计

2010年，代表奥兰多和坦帕地区的两个商业团体联盟邀请我对佛罗里达州进行第三次研究，这两个地区正合作成为一个超级区

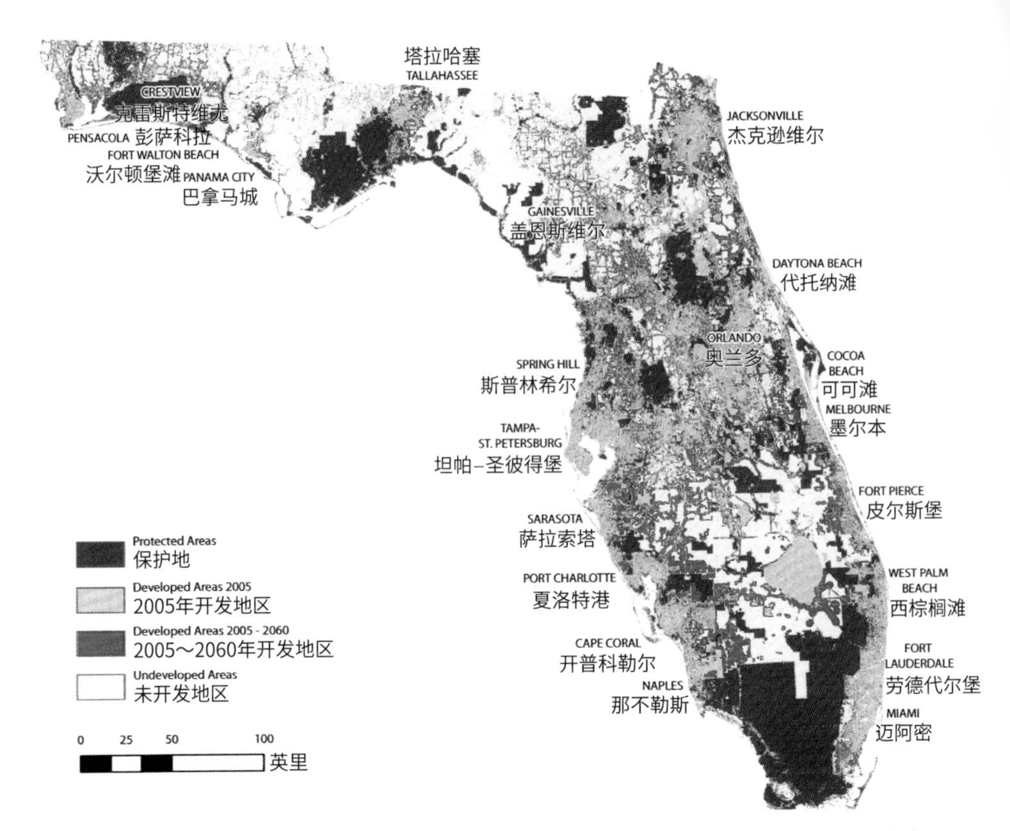

图10.4 佛罗里达大学的地理规划中心对佛罗里达州到2060年的开发区位进行了预测，采用了与宾夕法尼亚大学研究者对奥兰多七县地区所使用的类似的研究方法

域。彼时，奥巴马政府资助了一条从奥兰多到坦帕的高速铁路。在高速铁路修正案于2004年被废除之前，州政府已经为这条线路做了前期工作。作为2008年经济危机后国家应对措施的一部分，这项工作已为获得资金做好了万全准备。这将是原计划线路的第一阶段，线路最终将通往迈阿密。当时身为共和党人的州长查理·克里斯特（Charlie Crist）[6]一直在寻求资金，也包括寻求获得资助并建设“太阳线”（SunRail）的立法准批。“太阳线”是奥兰多地区连接城际高速铁路线的本地通勤列车，也被认为是佛罗里达州申请联邦资金（Federal funds）的关键部分。联邦政府当即向佛罗里达州拨款24亿美元，用于建设坦帕市中心与奥兰多机场之间的高速铁路。

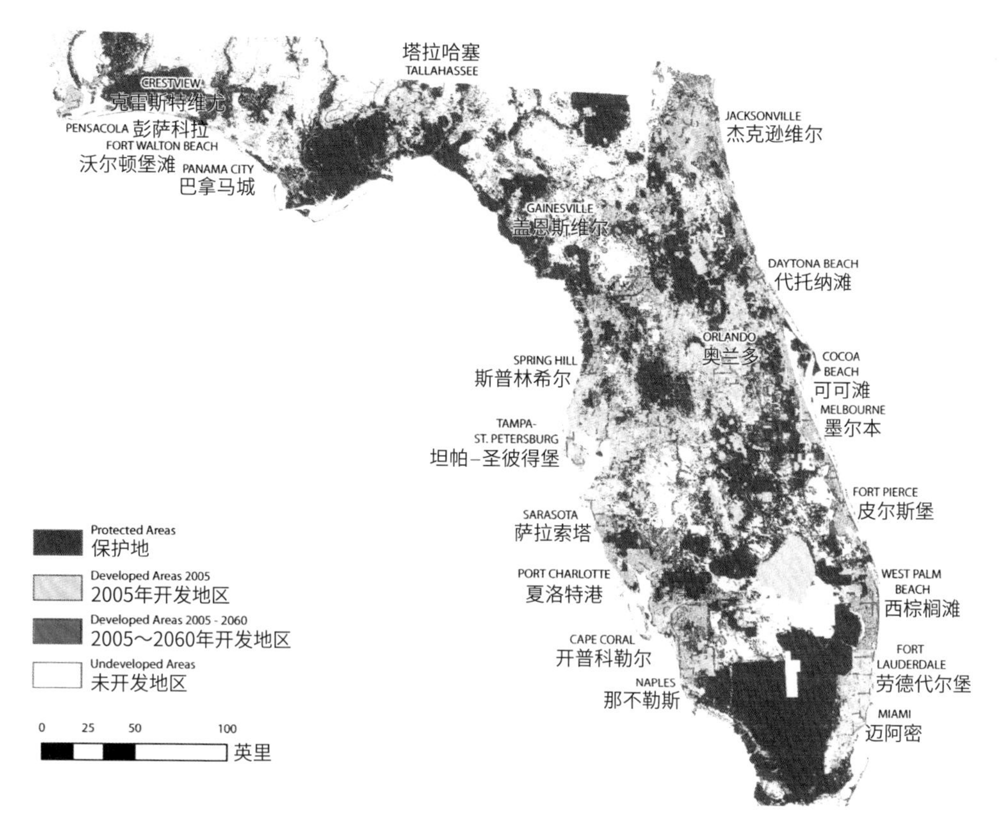

图10.5 宾夕法尼亚大学的研究带来了佛罗里达州未来替代方案，展示了规划地理中心所识别的趋势，并通过保留理想的保护网络，将开发吸引到包括高速铁路网络及与其站点相连的交通线节点交通修正的研究工作彼时同步在走资助流程

这两个商业团体敦促我们在提高本地区全球竞争力的背景下提出建议，我们的确也这样做了。如果目前的趋势继续下去，用于开发这两个地区的资金可以更有建设性地用于减少无序扩张的浪费以及不必要的环境破坏。由于许多全球竞争对手都在推行此类建设性政策，美国这样做将使其成为一个更加平等的参与者。

与2007年所作的研究一样，我们使用了佛罗里达大学开发的基于2060年人口预测的趋势模型，同时也借鉴了以往的研究成果，对两个地区的农村土地保护进行了模拟。高速铁路规划为我们提供了一个具体的关注点，使研究参与者能够推测出在车站周围密度较高的区域，并为坦帕和奥兰多地区设计区域交通，其中包括已承诺在奥兰多建设的太阳线车站。我们的佛罗里达之行在坦帕和奥兰多两地进行，不仅听取了两地的简报会，还参观了高铁站和奥兰多公交站的规划选址。这些规划使替代方案的模型相较于原有趋势更有说服力，因为当时看来它们是基于现实世界的可能性。我们再次绘制了如何保护环境敏感土地的地图，并标明了受海平面上升影响，不应进行新开发的区域。当我们第二次前往佛罗里达州介绍提案时，引起了大家很大的兴趣。当时提出的规划可在世界经济论坛（World Economic Forum）的网站上查阅。[7]

2011年，同为共和党人的新任州长里克·斯科特（Rick Scott）拒绝接受为高速铁路提供联邦资金，这让佛罗里达州大力倡导该项目的商界领袖们大失所望。最近，在迈阿密和奥兰多机场之间修建了一条由私人出资、名为“光明线”（Brightline）的传统铁路连接线，并计划将其延伸至坦帕。太阳铁轨运输项目也已启动。这两项工程完工后，类似我们在2010年报告中假设的情况将成为现实，也许关于环境和开发决策的公共政策可以从已经确定的紧凑型开发和环境保护的潜力中得到启示。

不断变化的气候意味着佛罗里达州大部分地区的开发计划发生变化

2010年，科学界的共识仍然是，佛罗里达州要到21世纪末才能感受到海平面上升带来的严重影响。我们的确展示了预测结果，但这并非决定性的。先前的预测现在已被彻底修正。最近的风暴表明，伴随飓风而来的风暴潮已经给佛罗里达的沿海地区带来了巨大的风险。由于大气中已经存在的温室气体，无论全球在限制排放方面取得多大进展，到21世纪中叶，造成损害的可能性都将大大增加。

我们在宾夕法尼亚大学的研究可以成为重新规划整个佛罗里达州的一种范式。环境敏感性类别需要扩大，以显示目前或即将面临风暴潮甚至普通潮汐洪水风险的地区。这些地区要么禁止新的开发，要么提供新的海岸保护。需要从不安全区域搬迁的人口要加到人口增长预测中，随着搬迁到佛罗里达的风险变得越来越明显，人口增长预测可能需要下调。可以将具有固有危险的原有趋势与确保人们安全的替代方案进行对比，还可以将保护和搬迁成本与每次新的气候灾害后的重建成本进行对比。气候变化可以成为改善佛罗里达大都市圈土地开发方式的动力。

实施策略

区域和大都市圈层面的基本城市设计策略持续地向决策者和公众展示——如果当前地趋势继续下去将会发生什么？如果采取不同的政策，则可能出现更好的替代方案。

最新的计算机辅助工具支持创建趋势和替代方案的模型，既可以用于绘制环境敏感地块土地图，也可用于根据不同的情形对预计的人口增长和土地使用情况进行建模。

提出替代方案的关键策略应该是建立一个均衡交通系统，其中包括连接机场及连接沿线城市内部交通的城际客运铁路。在东北部大都市圈这两者皆已具备，部分是早期开发遗留下来的，它们有效地证明了长途旅行并不完全依赖高速公路和飞机，本地旅行也并不完全依赖高速公路的优势。客运列车不必达到欧洲或亚洲高速铁路的标准。在速度和班次上与美铁东北走廊铁路线（AMTRAK's Northeast Corridor，其中AMTRAK指的是美国铁路客运公司）的阿西乐特快（Acela，全称为Acela Express）服务相当即可。

另一项关键策略是保护环境免受人类破坏，同时保护人类免受由气候变暖所导致的环境影响。在佛罗里达州，我们的研究假设只有国家收购才能保护开发道路上的自然资源，这在当时似乎是唯一的可能性。海平面上升以及随之而来的洪水危险改变了这一局面。现在，即使进行了大规模的重新设计，一些环境敏感地区也不再是安全的建设场所。改变地方开发法规及按流域管理开发的新方法，有助于引导新的开发向安全的地方转移。海平面上升给政府带来了新的负担——政府必须支付保护费用或帮助人们搬迁。

佛罗里达州、得克萨斯州和加利福尼亚州的大都市圈大多在各州的边界内，这意味着各州已经有权在这样的尺度制定规划。跨越州界的大都市圈规划也必须由各个大型区域内的各个州来完成，但需要有一些机制——比如出于各种目的已经存在的州际契约——来协调整体的努力。

在我最近由Island出版社出版的《设计大都市圈，以新尺度应对城市挑战》(*Designing the Megaregion, Meeting Urban Challenges at a New Scale*)一书中详细介绍了大都市圈的设计方法。关于应对气候变化设计的更多内容，您可以参阅《应对气候危机：为洪水、高温、干旱、野火而设计和建造》(*Managing the Climate Crisis: Designing and Building for Floods, Heat, Drought, and Wildfire*)。该书由我和马蒂杰斯·布（Matthijs Bouw）撰写，出版于2022年，同样由Island出版社出版。

【补充阅读建议】

彼得·卡尔索普和罗伯特·富尔顿（Robert Fulton）合著的《区域城市：规划结束无序扩张》（*The Regional City: Planning for the End of Sprawl*）一书，由Island出版社于2001年出版，该书介绍了成功的区域规划案例，包括俄勒冈州波特兰都会区和犹他州新兴特大区域的规划。想要了解大都市圈的最新研究，请参阅罗伯特·D. 亚罗（Robert D. Yaro）、张明和弗雷德里克·斯坦纳（Frederick Steiner）合著的《大都市圈与美国的未来》（*Megaregions and America's Future*），该书由林肯土地政策研究院于2022年出版。有关实施特大区域设计所需的框架，请参阅乔纳森·巴奈特撰写的《设计大都市圈，以新尺度应对城市挑战》，该书由Island出版社于2017年出版。

【注　释】

[1] Jan Gottmann, *Megalopolis, The Urbanized Northeastern Seaboard of the United States* (Cambridge, MA, and London, England: MIT Press, 1961).

[2] Robert D. Yaro, Ming Zhang, Frederick R. Steiner, *Megaregions and America's Future* (Cambridge, MA: Lincoln Institute of Land Policy, 2022).

[3] 感谢当时的宾夕法尼亚大学城市规划系主任尤金妮·伯奇（Eugenie Birch），正是她介绍我们相识。

[4] Cate Brandt, Andrew Dobshinsky, Ilse Frank, Brad Goetz, Kathleen Grady, Thalia Hussein, Kunbok Lee, Sarah Lovell, Herman Mao, Lauren Mosler, Andrew Nothstine, Abhay Pawar, Tyler Pollesch, Doug Robbins, Jade Shipman, *Alternative Futures for the Seven County Orland Region 2005 – 2050* (City Planning Urban Design Studio 702, The University of Pennsylvania, 2005).

[5] Beverly Choi, Alan Cunningham, Melissa Dickens, Jennifer Driver, Lokkay Fan, Jaimie Garcia, Nicole Gibson, Jennie Graves, Mollie Henkel, Shekoofah Khedri, Jennifer Lai, Jason Lally (the mastermind of the ideal conservation network), Marie Lewis, Lori Massa, Alexis Meluski, Laura Ottoson, *An Alternative Future, Florida in the 21st Century, 2020, 2040, 2060* (City Planning Urban Design Studio 702, The University of Pennsylvania, 2007).

[6] 克里斯特（Crist）于2010年成为无党派人士，并于2012年成为民主党党员。

[7] Yemi Adediji, Jing Cai, Christian Gass, Angela He, Liyuan Huang, Lou Huang, Dae Hyun Kang, Marta Mackiewicz, Nelson Peng, Steve Scott, Cara Seabury, Gretchen Sweeney, Keiko Vuong, Tya Winn, Fiona Zhu, *Connecting for Global Competitiveness, the Florida Super Region* (City Planning Urban Design Studio 702, The University of Pennsylvania, Spring, 2010), https:// issuu.com/pennplanning/docs/florida_super_region.

专有名词中英文对照表

A

A.T. & T.大厦（现麦迪逊大道550号）（A. T. & T. Building -now 550 Madison Avenue）

阿尔弗雷德·克拉斯（Alfred Clas）

阿拉巴马州伯明翰都会区（Birmingham, Alabama metro area）

阿诺德·布鲁纳（Arnold Brunner）

阿奇博尔德·罗杰斯（Archibald Rogers）

埃德蒙·培根（Edmund Bacon）

埃里克·范·埃克伦（Erik van Eekelen）

埃利斯维尔（Ellisville）

埃伦·邓纳姆·琼斯（Ellen Dunham-Jones）

埃蒙斯·伍尔文（Emmons Woolwine）

艾琳·卢茨赛泽（Aarin Lutzenhiser）

艾伦·B. 雅各布斯（Alan B. Jacobs）

艾森–勒图尼克交通与城市规划事务所（Eisen|Letunic）

爱德华·拉拉比·巴恩斯（Edward Larrabee Barnes）

爱德华·洛格（Edward Logue）

安德烈斯·杜安伊（Andres Duany）

安德鲁·多布申斯基（Andrew Dobshinsky）

安妮塔·戈尔曼（Anita Gorman）

奥兰治县委员会（Orange County Commissioners）

奥林匹亚和约克地产公司（Olympia and York Properties）

奥马哈互助保险公司（Mutual of Omaha）

奥马哈社区基金会（Omaha Community Foundation）

《奥马哈世界先驱报》（*Omaha World Herald*）

奥马哈市民广场区（Omaha's Civic Place Districts）

《奥马哈宪章》（*Omaha's Charter*）

奥马哈综合城市设计计划（The Omaha Comprehensive Urban Design Plan）

B

巴布勒州立公园（Babler State Park）

巴黎美术学院（L'Ecole des Beaux Arts）

芭芭拉·法加（Barbara Faga）

芭芭拉·福伊（Barbara Foy）

保罗·戴维多夫（Paul Davidoff）

保罗·法默（Paul Farmer）

保罗·弗雷姆（Paul Fraim）

贝德福德·史岱文森更新与复兴公司（Bedford Stuyvesant Renewal and Rehabilitation Corporation）

贝尔蒙特社区（Belmont Neighborhood）

比尔·莱纳茨（Bill Lennertz）

比尔·珀塞尔（Bill Purcell）

彼得·卡尔索普（Peter Calthorpe）

《编纂新城市主义——如何改革市政土地开发法规》（*Codifying New Urbanism, How to Reform Municipal Land Development Regulations*）

宾夕法尼亚大学（University of Pennsylvania）

波特兰大都市区（Portland Metro Region）

伯克利县学区（Berkeley County School District）

C

D

E

F

G

K

L

M

N

O

图片来源

1 Including the community in design decisions

1.1 City of New York.
1.2 Imagery © 2022 Google, Imagery © 2022 Bluesky, CNES, Airbus, Maxar Technology, Sanborn, USDA, FRAC, GEO Map Data © 2022.
1.3 Imagery © 2022 Google, Imagery © 2022 Bluesky, CNES, Airbus, Maxar Technology, Sanborn, USDA, FRAC, GEO Map Data © 2022.
1.4 Imagery © 2022 Google, Imagery © 2022 Bluesky, CNES, Airbus, Maxar Technology, Map Data © 2022.
1.5 Courtesy Beasley Associates.
1.6 Drawing by Yan Wang, Courtesy WRT.

2 Protecting the environment

2.1 From a handbook of standards for planned unit development published by the New York City Planning Department.
2.2 From a handbook of standards for planned unit development published by the New York City Planning Department.
2.3 From a handbook of standards for planned unit development published by the New York City Planning Department.
2.4 Imagery © 2022 Google, © 2022 Bluesky, Maxar Technologies, USDA/FPAC/GEO Map Data © 2022.
2.5 Imagery © 2022 Google, © 2022 Bluesky, Maxar Technologies, USDA/FPAC/GEO Map Data © 2022.
2.6 Courtesy Jonathan Barnett and Steven Kent Peterson.
2.7 Courtesy Jonathan Barnett and Steven Kent Peterson.

3 Designing cities without designing buildings

3.1 New York City Department of Planning.
3.2 New York City Department of Planning.
3.3 Imagery © 2022 Google © 2022 Bluesky, CNES/Airbus, Maxar Technologies, Sanborn, USDA/FPAC/GEO Map data © 2022.
3.4 Image capture May 2022 © Google.
3.5 Imagery © 2022 Google Imagery © 2022 Maxar technologies, Sanborn, U.S. Geological Survey, USDA/FPAC GEO Map data © 2022 Google.

ILLUSTRATION CREDITS

3.6 Image capture July 2021 © Google.
3.7 City of Norfolk, Virginia.
3.8 U.S. Environmental Protection Administration.

4 Enhancing public open spaces

4.1 Imagery © 2022 Google, Imagery © 2022 CNES, Airbus, Maxar Technologies. Map data © 2022 Nashville Davidson County.
4.2 Image Capture February 2021 © 2022 Google.
4.3 photo by vincent desjardins used under Creative Commons License 2.0.
4.4 © Google 2022 Image Capture October 2019.
4.5 © Google 2022 Image from 1997.
4.6 Imagery © 2022 Google, Imagery © 2022 CNES, Airbus, Maxar Technologies, U.S. Geological Survey, USDA/FPAC/GEO Map data © 2022.
4.7 Image Capture June 2019, ©2022 Google.
4.8 Image Capture June 2019, ©2022 Google.

5 Preserving existing urban designs

5.1 Image adapted from a drawing, made in 1903, is from *Civic Art* by Werner Hegemann and Elbert Peets, the Architectural Book Publishing Co., 1922. The drawing is in the public domain.
5.2 Image capture, September 2021 © 2022 Google.
5.3 Cleveland City Planning Commission.
5.4 Imagery © 2022 Google, © 2022 CNES/Airbus, Maxar Technologies, Sanborn, USDA/FRAC/GEO © 2022.
5.5 Imagery © 2022 Google, © 2022 CNES/Airbus, Maxar Technologies, Sanborn, USDA/FRAC/GEO © 2022.
5.6 Image capture, July 2021 © 2022 Google.
5.7 Image capture, June 2021 © 2022 Google.

6 Changing regulations to prevent suburban sprawl

6.1 Photo by Maryanne E. Simmons 1995, City of Wildwood.
6.2 Conceptual land use map from the City of Wildwood Master Plan.

6.3 Town Center Plan courtesy DPZ CoDesign.
6.4 Image Capture May 2022 © 2022 Google.
6.5 Image Capture May 2022 © 2022 Google.
6.6 Image Capture May 2022 © 2022 Google.

7 Reinventing suburban development

7.1 Imagery © Google, Imagery © Maxar Technologies, U.S. Geological Survey, USDA/FPAC/GEO, Map Data © 2022.
7.2 Image Capture June 2022 © 2002 Google.
7.3 Image Capture June 2019 © 2022 Google.

8 Using bus rapid transit in suburbs

8.1 Map by Sasaki, used by permission.
8.2 Diagram by Peter Calthorpe, used by permission.
8.3 Diagram from the New York Regional Plan, 1929, used by permission.
8.4 Diagram used by permission of DPZ CoDesign.
8.5 Graphics by Freedman Tung + Sasaki from "Restructuring the Commercial Strip: A Practical Guide for Planning the Revitalization of Deteriorating Strip Corridors." Development of a Nationally Replicable Approach to Smart Growth Corridor Redevelopment, for the United States Environmental Protection Agency, Washington, DC: 2010.
8.6 Graphics by Freedman Tung + Sasaki from "Restructuring the Commercial Strip: A Practical Guide for Planning the Revitalization of Deteriorating Strip Corridors." Development of a Nationally Replicable Approach to Smart Growth Corridor Redevelopment, for the United States Environmental Protection Agency, Washington, DC: 2010.

8.7 Imagery © Google, Imagery © 2022 CNES/Airbus, Maxar Technologies, U.S. Geological Survey, USDA/FPAC/GEO, Map data © 2022.
8.8 Image capture, Sep 2022 © 2022 Google.
8.9 Photo by Raymond Wambsgans, used according to the Creative Commons Attribution 2.0 generic license.

9 Mobilizing support to redesign an entire city

9.1 Courtesy of WRT.
9.2 Drawing by Yan Wang, courtesy WRT.
9.3 Courtesy WRT.
9.4 Courtesy WRT.
9.5 Courtesy WRT.
9.6 Courtesy WRT.

10 Designing for regions and megaregions

10.1 Courtesy of the Weitzman School of Design at the University of Pennsylvania.
10.2 Courtesy of the Weitzman School of Design at the University of Pennsylvania.
10.3 Courtesy of the Weitzman School of Design at the University of Pennsylvania.
10.4 Courtesy of the Weitzman School of Design at the University of Pennsylvania.
10.5 Courtesy of the Weitzman School of Design at the University of Pennsylvania.

后记
为不断变化的世界实施城市设计

在未来几十年内，城市设计将在全球范围内制定规划和发展决策方面扮演至关重要的角色。气候变暖带来了新的危机，如洪水、高温、干旱、野火和粮食短缺。对重要基础设施需要采取新的保护措施。人口稠密地区的海岸线需要进行重新建设。许多居民将不得不搬迁，因为一些地方可能会永久地被洪水淹没、沙漠化或受到夏季高温的威胁。随着越来越多的人选择部分时间居家办公，并通过在线购物参与共享经济，土地的用途也将随之改变。无人驾驶汽车的引入将对人行道路、公路和高速公路产生影响。在全球流行病的威胁下，室内外公共空间需经过重新设计布局。创建可持续经济意味着需要设计绿色基础设施、分布式能源系统、封闭式冷却系统和节水灌溉系统等措施。信息技术的进步将继续改变人与人之间以及作为个体的人与政府之间的互动关系。

随着设计和规划决策的实施变得日益复杂、成本高昂且备受争议，本书所描述的策略将愈发不可或缺。

对于岸线地区和邻近荒野地区的未来进行公众讨论至关重要，不仅在社区层面如此，对于整座城市、区域和大都市圈也是如此。美国许多地区受气候变化的影响相对较小，其中一部分人口持续减少。城市设计可以提供一种方法，通过考虑可能存在理想替代方案的位置来改变公众对越发不适宜居住之处的讨论。规划过程应该包括所有必须作出艰难决策的利益相关者。同时，还需要一个平行进程，使得负责执行这些决策的官员能够参与其中。必须在各利益相关者之间达成共识，并确保实现目标所需各方都能达成一致意见。当生活条件无法满足居住需求时，在附近可能会有可供考虑的替代性选择；但也可能需要进行区域性、特大范围，甚至全国性的设计和规划，以重新安置被迫搬迁者。

AFTERWORD

IMPLEMENTING URBAN DESIGN FOR A CHANGING WORLD

忽视环境，仅依靠工程手段使土地符合开发计划从来都不是一个明智之举。然而，随着环境的不断变化和自然系统保护意识的增强，了解并适应环境将成为至关重要的任务。基于环境的开发法规也将显得尤为关键。鼓励重新开发所有城市化地区为紧凑且可步行社区，同样具有重要意义，因为这既能有效地应对洪水和野火威胁，又能降低能源消耗。

户外公共空间需要被重新设计，以承担新的角色，成为管理雨洪的绿色基础设施系统的一部分。在滨水地区，这些空间还可以经过再设计，以应对不断上涨的海平面。此外，全球流行病带来的危险也会影响室内外公共空间的设计，因为越来越多的人希望在户外餐厅用餐或畅饮。

街道和高速公路必须经过重新设计，以确保它们既能安全地容纳传统车辆和自动驾驶车辆的混合行驶，又能满足新兴绿色基础设施的要求。随着将高速公路迁移到更为安全的位置，互通式立交桥的设计方式也将相应发生改变，从而为其与周边区域的融合发展创造了机遇。

制定客观的设计导则来管理开发，无论是对新建设场地或未经充分利用的场地进行投资，还是对历史保护区域和设计精良的场所，都将继续发挥重要的作用。

针对城市、郊区和乡村地区的设计以及实施这些设计的方法，正变得越来越具有挑战性。然而，它们也为我们提供了巨大的机遇——使物理环境更加稳定、现有开发得以改善、建设新区域时能够从过去的错误中吸取经验教训。

译后记

20世纪60年代，美国纽约市成立了首个城市设计机构——城市设计小组（Urban Design Group），创新性地采用区划（Zoning）来引导城市设计的实施。乔纳森·巴奈特（Jonathan Barnett）先生——城市设计小组的创始人之一，基于纽约市的城市设计工作总结出一整套实践经验，并于20世纪70年代撰写了《作为公共政策的城市设计：改善城市的实践策略》（*Urban Design as Public Policy: Practical Methods for Improving Cities*）这一著作。该书提出“设计城市而非设计建筑”“城市设计是一系列行政决策过程”等具有影响力的城市设计观点，强调城市设计制度与实施技术在导控开发过程中的作用，不仅深刻地影响了全球城市设计领域的理论与实践，更对中国早期城市设计的探索与发展起到了至关重要的借鉴作用。

2019～2020年，我们有幸得到国家留学基金委的资助，公派前往宾夕法尼亚大学进行博士联合培养，跟随合作导师巴奈特教授开展城市设计实施领域的相关研究，深受感召。《作为公共政策的城市设计》也每每成为我们讨论与研究的基点。记得有一次在Houston Hall的研讨中，巴奈特教授提及2024年是这本书出版50周年。在过去的半个世纪中，世界发生了翻天覆地的变化，人们认知世界和改造世界的方式均随之改变，原著也应当做出适时的调整。留学归国后，我们均顺利完成了博士生涯，并分别在北京建筑大学与东南大学留校任教。2021年，当我们就这本经典著作的完善与翻译事宜与教授进行过多次研讨后，他决定回归写作第一本书时的初心，将近50年的实践认知系统性地融入一本新书的创作。一年后，这本全面讲述多尺度城市设计实践及其背后实施故事的新书撰写完毕，起名为《面向实施的城市设计：绿色·公众·社区策略》（*Implementing Urban Design: Green, Civic, and Community Strategies*）。

因此，本书不仅是对他50年前“开山之作”的呼应与纪念，更是巴奈特教授毕生城市设计经验的集大成之作。翻译的过程何尝不是一个学习的过程？我们跟着巴奈特教授回到了每个城市设计项目的起点，感受多方的博弈与专业上的坚持。书中沿用了原著中提及并已实际实施了的项目，以便读者能够判断城市设计是否得到了有效的实施。并结合时代议题，遴选出全新案例；从社区到城市中心商业区，从郊区和城市的设计到区域和特大区域的设计，针对各类型具有复杂性、日常性的问题，系统阐释了城市设计作为工具与方法解决复杂问题的积极作用。

随着中国进入了存量时代，城市更新也已被上升为国家战略。面对这个时期的多元挑战，本书的到来恰逢其时。美国城市发展所经历的经验与教训，正是中国城市当前所亟需的。相信巴奈特教授为我们献上的这部蕴含半个世纪城市设计实践与思考的著作，一定会为每一位中国读者带来启发和共鸣。

由衷感谢王建国院士、张大玉校长、Eugenie L. Birch教授、林中杰教授、刘泓志先生为本书撰写推荐语；本书的顺利出版，离不开中国建筑工业出版社张建和戚琳琳两位编辑的悉心帮助；龙林格格、钱睿、朱杨飞等同仁们也在翻译工作中给予了大力支持。在此，我们一并致以诚挚的谢意！此外，本书还特别采用了与《作为公共政策的城市设计：改善城市的实践策略》一书相同的装帧设计与工艺，在该书出版50周年之际，向巴奈特教授致敬！

甘振坤　曹俊

2024年于北京

著作权合同登记图字：01-2024-3897号

图书在版编目（CIP）数据

面向实施的城市设计：绿色·公众·社区策略 /（美）乔纳森·巴奈特著；甘振坤，曹俊译. --北京：中国建筑工业出版社，2024. 9. -- ISBN 978-7-112-30192-8

Ⅰ. TU984

中国国家版本馆CIP数据核字第2024R5S151号

Implementing Urban Design：Green，Civic，and Community Strategies / by Jonathan Barnett
ISBN: 978-1-032-246994-2

责任编辑：张　建　戚琳琳
责任校对：张惠雯

面向实施的城市设计
绿色·公众·社区策略
IMPLEMENTING URBAN DESIGN
GREEN, CIVIC, AND COMMUNITY STRATEGIES
[美] 乔纳森·巴奈特　著
Jonathan Barnett
甘振坤　曹　俊　译

*

中国建筑工业出版社出版、发行（北京海淀三里河路9号）
各地新华书店、建筑书店经销
北京锋尚制版有限公司制版
北京奇良海德印刷股份有限公司印刷

*

开本：787 毫米×1092 毫米　1/16　印张：13　字数：199 千字
2024 年 8 月第一版　2024 年 8 月第一次印刷
定价：**118.00** 元
ISBN 978-7-112-30192-8
（43567）

如有内容及印装质量问题，请与本社读者服务中心联系
电话：（010）58337283　QQ：2885381756
（地址：北京海淀三里河路 9 号中国建筑工业出版社 604 室　邮政编码：100037）